교육을 더 깊이 고민하고,

교육의 다양한 길을 갈 수 있도록 항상 곁에서 돕고

응원하다가 먼저 하늘나라에 간

사랑하는 아내 한선희 님께 이 책을 바칩니다!

프랑스 교육

AI시대에 자녀교육을
자신있게 만드는 지침서

정석원 지음

태인문화사

우리는 지금 AI시대에 살고 있다. 우리가 미처 보지 못한 패턴을 정확히 찾아내는 능력에서 기계는 이미 인간을 앞질렀다. 이제 AI는 경제와 산업을 넘어, 의료와 건강, 교육과 학습, 창의적 활동인 예술 문화 분야에서도 영향력이 급속도로 확장되고 있다. 우리의 일상까지 깊숙이 스며든 AI는 그 영역이 미치지 않는 곳을 찾기가 더 힘들다. 더 편리해진 세상에서 우리는 새로운 질문을 가진다. "인간은 무엇을 하며 살아야 할까?" "기계가 대신할 수 없는 인간만이 가진 힘은 무엇인가?" 인간의 존재와 정체성 그에 따른 교육의 본질을 근본적으로 따져봐야 하는 시점이다.

이 시대의 교육은 과거와 다를 수밖에 없다. 더 많은 지식을 머릿속에 채우고 기술을 빠르게 습득하는 교육은 다가오는 시대에 인간 고유의 삶을 보장하지 못한다. 언제든 검색창 하나로 답을 얻을 수 있는 세상에서 중요한 것은 '생각하는 힘'이다. '생각하는 힘'은 인간이 지닌 가장 심오한 능력이다. 이것은 주어진 정답을 찾는 능력이 아니다. 인간의 가치 위에서 자신의 관점 세우고 새로운 발견에 대한 경탄과 끊임없는 질문을 던지며, 익숙한 길을 따르는 것이 아니라 새로운 길을 도전하는 능력이다. 교육은 아이가 스스로 묻고 스스로 답을 찾아가며, 자기 생각을 키워 새로운 일에 도전하며 스스로 배워갈 수 있도록 도와야 한다.

'생각하는 힘'과 함께 주체적 삶을 살 수 있는 능력 또한 중요하다. AI 기술의 발달은 우리의 삶을 점점 더 편리하게 만든다. 이럴 때 인간에게는 독립성과 자율성이 더 필요하다. 스스로 선택하고 그 결과에 책임질 줄 아는 힘, 실패 속에서도 다시 길을 찾고 일어설 수 있는 인간의 모습은 AI 시대의 핵심 역량이다. 어릴 때 혼자 옷을 입고, 음식을 먹고, 작은 일을 스스로 해내는 경험은 단순한 생활 기술이 아니다. 그것은 자기 삶을 개척할 수 있는 자아를 길러내는 훈련이다. 시행착오를 겪고도 다시 도전할 줄 아는 아이, 지시에만 따르는 존재가 아니라 자신이 주체가 되는 시민, 그런 아이가 미래를 이끌어갈 것이다.

이 모든 힘의 기초에는 관계가 있다. 불확실성과 가변성이 커가는 시대에 아이를 지켜주는 가장 든든한 울타리는 부모의 사랑과 신뢰다. 서로를 존중하며 애정을 표현하는 부모는 아이에게 안정감을 선물한다. 반대로 모든 것이 아이 중심으로만 돌아가는 가정은 오히려 아이를 불안하게 한다. 건강한 부모의 관계, 따뜻한 가정의 품 안에서 자란 아이는 자신을 지탱할 힘을 얻고, 자율성과 책임감을 담대하게 감당할 수 있다. 교육은 학교에서만 이루어지는 것이 아니다. 사회가 지지하고 가정이 함께하는 상호협력의 토대 위에서 열매를 맺는다.

프랑스는 예술과 낭만의 나라로 널리 알려져 있다. 그것은 프랑스의 한쪽 면만 바라본 것이다. 프랑스는 인류의 사유를 바꾼 계몽사상을 탄생시켰고, 인권과 민주주의의 토대를 마련한 「인간과 시민의 권리선언」의 발상지다. 문학에서는 노벨문학상 수상자를 최고로 많이 배출했으며, 사르트르, 카뮈, 위고, 프루스트 같은 거장들의 이름은 여전히 전 세계

독자들을 사로잡는다. 인문학과 철학의 전통은 데카르트, 루소, 몽테뉴로 이어지며 현대 철학의 뿌리가 되었다. 수학에서는 필즈상 수상자 13명을 배출하며 세계 2위다. 이는 단순히 프랑스가 가진 학문의 성취를 말하는 것이 아니다. 남과 다르게 생각할 수 있는 자유와 그것을 논리적, 창의적으로 정리하고 표현할 수 있는 교육의 힘이 바탕에 깔려 있음을 주목해야 한다.

예술에서도 프랑스는 압도적인 존재감을 지닌다. 파리의 루브르와 오르세, 퐁피두센터는 예술을 사랑하는 사람들의 성지와 같다. 칸 영화제는 매년 전 세계 영화인들의 이목을 집중시키며, 패션과 미식 문화는 유네스코 인류무형문화유산에 이름을 올렸다. 프랑스에서는 예술과 삶은 따로 존재하지 않고, 일상의 식탁, 거리의 건축, 작은 마을의 축제까지 어디서나 느끼고 체험하며, 표현할 수 있다. 아이들은 이런 풍요로운 문화자산 속에서 자연스럽게 감수성과 창의성을 키운다.

산업과 기술의 측면에서도 프랑스는 유럽의 선두 주자이

면서 세계 최고라고 할 수 있다. 에어버스는 세계 항공산업을 이끄는 기업으로 하늘을 여는 상징이 되었고, 아리안스페이스는 우주 발사체 시장을 선도하며 우주로 가는 길을 개척했다. TGV는 세계 최초의 상업용 고속철도로 지금도 속도와 안전, 혁신의 상징으로 자리한다. 전체 전력의 70% 이상을 원자력으로 충당하는 에너지 구조는 과학과 정책이 결합한 독보적인 모델이다. 프랑스는 유럽 최대의 농업 생산국이자 세계 7대 경제 대국(G7)으로, 경제와 산업의 저력을 보여준다.

이처럼 프랑스가 예술과 학문, 인문학에서 앞서고, 산업과 기술, 경제에서 세계를 선도하는 것은 단순히 제도나 정책만으로 될 수 없다. 그 밑바탕에는 프랑스의 전통과 가치를 담은 교육의 힘이 있다. 발견의 기쁨을 맛보고, 생각을 깨우며, 사유하도록 이끄는 교육, 그리고 그것을 다양하게 표현하게 하는 현장. 아이를 독립적 인격체로 인정하고 규칙과 권위 안에서 자율적이고 독립적 인간으로 키워가는 가정과 사회의 분위기가 있어 가능한 일이다.

AI 시대에 우리가 지키고 배우고 가르칠 것이 무엇인지, 인격체로서 인간다움이 무엇인지를 찾아가는 교육의 길을 프랑스 교육에서 찾아보았다. 프랑스 교육은 사유와 자율, 그리고 관계라는 세 기둥 위에서 아이를 길러내는 교육을 전통적으로 해오고 있다. 프랑스는 아이들이 시대를 쫓아가는 수동적 추종자가 아니라 새로운 시대를 열어가는 주인공으로 키우고 있다. 오늘의 프랑스의 역사와 문화, 산업과 기술의 성취는 그 증거다.

교육에 발 빠른 우리나라 엄마들도 프랑스식 자녀교육에 관심 높다. 한때 북유럽 교육이 강조하는 평등과 맞춤형 교육에 열광하던 이들도, 이제는 아이를 독립적으로 키우는 프랑스식 양육에 눈을 돌린다. 프랑스 엄마를 따라 어릴 때부터 프랑스 아이처럼 독립적인 아이로 키우려고 한다. 그래서 아이에게 자유로운 분위기를 만들면서 때로는 단호한 엄마의 모습으로 자녀 양육에 최선을 다하고 있다. 그러나 일부는 전체 맥락을 모른 채 부분만 흉내 내는 경우가 있다.

이 책은 프랑스의 단순히 일상 속 단면을 보여주는 데 그치지 않는다. 그 이면에 흐르는 역사, 사회, 문화적 토대를 살피고, 그 열매로 나타나는 교육을 다룬다. 교육은 사회와 분리된 고립된 영역이 아니라 전체와 어우러져 드러나는 것이기 때문이다. 수면 아래에서 교육을 떠받들고 있는 역사와 사회, 문화를 살펴보고 그 열매로서 교육을 이야기한다. 교육은 사회 안에 독립적 영역이 아니라 전체와 어우러져 드러나는 것이기 때문이다.

지금 우리 사회는 "아이에게 상처를 주면 안 된다"라는 명목 아래 전통의 교육적 미덕과 사회적 가치마저 흔들리고 있다. 그러나 인간의 오랜 역사가 빚어낸 교육적 미덕은 언제나 우듬지처럼 시대를 지탱해 왔다. 오늘도 가정과 학교에서 아이를 키우느라 고민하고 애쓰는 이들을 응원하며, 이 책이 무너진 교육 현장과 가정교육을 다시 세우는 데 작은 도움이 된다면 더없는 기쁨이자 영광일 것이다.

차례

V. 프랑스 교육의 시스템에 프랑스 교육의 정신이 스며있다

I
프랑스 교육은 권위가 있다

1장

권위교육, 프랑스는 어릴 때부터 예절을 가르친다

아이들이 재잘되는 이야기가 가득한 프랑스 초등학교 교실, 교사가 들어서자 조용해진다. "봉쥬르, 마담!" "봉쥬르 뮤슈!" 아이들은 밝은 얼굴로 정중하게 선생님께 인사를 한다. 미국에서처럼 아이들이 선생님의 이름만 부르는 것은 찾아볼 수 없다. "'봉쥬르 선전 르 몽드!'(안녕하세요 여러분)" 선생님도 아이들에게 바른 자세로 인사를 한다.

서유럽 교육 방식을 대표하는 '파리 엄마'는 덴마크나 핀란드로 대변되는 북유럽 교육 방식과 비슷한 것 같으나 사뭇 다르다. '북유럽 엄마'는 자유로운 교육 분위기를 중요하게 여기는 반면, '파리 엄마'는 사회 전통을 기본으로 엄격하면서도 안정감 있는 교육을 중시한다, 미국 교육의 모델이라 할 수 있는 '뉴욕 엄마'는 아이를 최우선으로 둔다. 그래서 여가활동, 여행, 먹는 것 등 모든 생활이 아이 중심으로 돌아간다. 우리나라 부모들은 대체로 '뉴욕 엄마'와 '북유럽 엄마'를 롤모델로 삼고 있다. 그런데 이렇게 자란 아이가 사회 적응을 어려워하는 경우가 적지 않다, 부모들은 나름대로 열심히 자녀를 교육했다고 생각하는데 이런 문제 앞에서 여전히 갈피를 잡지 못하고 있다. 우리가 잃어버리거나 간과한 것은 없는가? 그 대안으로 전통을 기반으로 하는 프랑스 교육 방식이 발 빠른 엄마들 사이에서 새롭게 조명받고 있다.

아이의 중심으로 모든 것이 돌아가는 것은 문제가 있다

애착 관계를 깊이 연구한 영국의 정신분석가인 위니캇Donald Woods Winnicott, 1896~1971은 갓 태어난 아이는 혼자 힘으로 절대 생존할 수 없기 때문에 생후 일정 기간 동안 엄마의 전적인 사랑이 필요하다고 말한다. 엄마는 아이가 배고플 때 수유를 하고, 추우면 따뜻하게 품어주고, 배설을 받는 것 등과 같은 아이가 필요한 모든 환경을 전적으로 보살펴준다. 아이는 엄마의 전적인 돌봄으로 인해 완전한 만족감 느낀다. 이때의 엄마는 아이를 돌보는 것에 자기의 상태나 주관성을 전혀 고려하지 않는 광적인 상태라고 말한다. 엄마의 광적인 사랑 속에서 아이는 주관적 전능감을 경험하며 1차적 자아를 만든다.

아이가 요구하는 모든 것을 채워주는 것만큼 중요한 것이 또 하나가 있다. 아이가 조금 성장한 후 엄마의 전적인 도움 없이도 일어설 수 있을 때, 적절히 물러나주는 것이다. 이 과정이 없다면 아이는 수퍼 자아에 빠져 모든 것이 자기 중심 으로 돌아가는 세계관을 형성한다. 이런 아이는 다른 사람의 감정이나 생각을 고려할 줄 모르고 자기에게 필요하다면 무엇이든 얻으려 하고 그렇지 못하면 막무가내로 고집을 부린다.

프랑스에는 '아기 왕'이란 뜻을 가진 '앙팡 루이'란 말이 있다.

아이의 어떤 말이나 행동을 다 받아주어 버릇없이 자라, 마치 왕처럼 구는 아이를 일컫는다. 프랑스 부모들이 가장 듣기 싫어하는 말이며, 이 말을 들을 때 심지어 모욕감을 느낀다. 예의를 중시하는 프랑스 사회에서 버릇없는 '앙팡 루이'는 인정받지 못하며, 집을 방문했을 때 이런 아이가 있으면 자기 자녀에게 영향을 미칠까 싶어 그 집 방문을 꺼린다.

프랑스 지인의 집에 방문했을 때 아이들이 예의 바르게 '봉쥬르'라고 밝게 인사하는 것을 쉽게 볼 수 있다. 가정뿐만 아니라 프랑스의 가게를 들어가면 제일 먼저 듣는 말이 '봉주르'이다. 우리도 프랑스에서 푸대접을 받지 않으려면 어느 가게에 들어가든 제일 먼저 '봉주르'라고 인사해야 한다. 프랑스 부모들은 세 살이 채 안 된 아이에게 마법의 언어라고 하는 '봉쥬르(안녕하세요)', '파흐동(미안합니다)', 메르시(감사합니다)를 가르친다. 상대방을 존중하는 예의는 몸에 밴 언어나 행동을 통해 표현된다. 예의 바른 행동과 언어는 하루아침에 만들어지는 것이 아니다. 오랜 시간 동안 반복해야만 습관이 되고, 품격이 된다. 프랑스 부모들은 자녀들에게 어릴 때부터 몸에 밸 수 있도록 반복해서 가르친다. 누구를 만나든지 밝고 웃는 얼굴로 '봉쥬르'. 다른 사람에게 불편을 주었을 때 마음을 담아 진정으로 '파흐동'라고 말하게 한다. 바르고 정확하게 말하기 전까지 다음으로 넘어가지 않는다.

예의도 결국 교육으로 만드는 것이다

프랑스 사람들은 예의는 개인의 품격으로서 서로 간의 유대감과 친밀감을 공고하게 하여, 사회생활을 잘 할 수 있게 한다고 말한다. 예의범절이나 품위를 가리키는 에티켓은 프랑스 궁전문화에서 유래했다. 베르샤유 궁전에 파티가 열리면, 궁정에 입장하는 사람들의 이름을 나무 조각에 적어 서열순으로 벽에 붙여 두었다고 한다. 이 나무 조각을 에티켓이라 했다. 에티켓에 이름이 적힌 사람은 궁전 문화와 규범에 맞는 행동을 해야 했다. 이것이 예의며 품격이다. 19세기 말에 이르러 궁중 문화가 사교계에 전해져 나름의 예의범절과 규범을 만들었고, 이것을 지키는 것을 에티켓이라고 했다. 그래서 타인과 원만한 유대감을 만들기 위해서는 에티겟을 지키는 것은 기본 중의 기본이었다. 에티켓은 지금도 프랑스 사회를 살아가는 사람들의 중요한 덕목이다.

예의범절은 자연스럽게 습득되는 것이 아니다. 부모가 일관성을 갖고 지속적으로 가르쳐야 한다. 프랑스 부모들은 일찍이 영아기 때부터 시작하여 청소년기까지 예의 바른 행동을 교육한다. 학교에서도 함부로 행동하도록 내버려 두지 않는다. 타인을 존중하고 배려하는 예의 바른 행동을 가르친다. 예의는 그 사람의 품위를 드러내는 것이기에 가르친 효과는 금방 나타나지 않는다. 많은 시간에 걸쳐 서서히 내면화되고 품격이 된다. 금방 열매를 볼 수 없기에 부모는 씨를 뿌리고 기다리는 농부의 인내가 필요하다. 사실 부모에게 필요한 것은 인내만이 아니다. 몸소 모범을 보여줘야 한다. 부모가 상대방을 대하는 태도, 말투, 배려하는 자세는 자녀에게 가장 훌륭한 교과서다. 아이들은 자기가 좋아하고 존경하는 부모의 모습을 닮아가고 싶기 때문이다.

우리나라도 예의범절을 아주 중요하게 여기는 전통을 가지고 있다. 조선시대는 '예'가 중심인 사회였다. 예의를 지키는 것이 사람의 기본 도리여서 '예의'가 없으면 사회 구성원으로 인정받기가 힘들었다. 부모에게 시작하여 웃어른, 스승, 친구, 부부, 자녀에게도 예를 지켜야 했다. 예절을 지킨다는 것은 상대방의 인격을 존중하는 태도다. 민족과 나라마다 예의범절의 모양은 다를 수 있으나 타인을 배려하고 존중해야 하는 예절의 가치는 다르지 않다. 예절은 인간관계와 의사소통을 원활하게 하여 아름다운 공동체를 만들기 때문이다.

현재 우리 사회는 갈등의 골이 너무 깊게 파여 있다. 2021년 발간된 영국의 킹스컬리지 보고서에 따르면, 우리나라는 조사한 12개 갈등 항목 중 남녀 갈등, 세대 갈등, 빈부 갈등 등을 포함한 반이 넘는 7개 항목에서 '(매우)심각하다'라는 응답 비율이 1위를 차지했다. 요즘 들어 정치 갈등 또한 매우 심각하다. 물론 한 연구기관의 보고서만으로 우리나라 사회 갈등을 단정 지을 수 없지만 우리는 직접 피부로 그 심각함을 느끼고 있다. 정치적 갈등으로 인해 가족이 함께 TV를 보지 못하며, 결혼도 정치적 성향을 고려해야 하는 조건이 되었다. 갈등 공화국이 된 원인은 지구상에 남아있는 유일한 분단국가로서 반목할 수밖에 없는 역사적, 사회적 영향이라고 말할 수 있겠으나 그것만으로 이 현상을 설명하기는 부족하다. 우리나라와 같은 분단 국가였던 독일은 갈등을 방치하거나 조장하지 않고, 시민교육을 통해 국민이 서로 존중하고 포용하는 시민의식을 가지게 하였다. 그 결과 독일은 그들 스스로 '분단국가'를 종식시켰다. '시민교육'의 핵심은 타인에 대한 이해와 포용하는 마음이었다. 이것이 곧 '예의'며 '에티켓'이다.

예의는 수직적이 아니고 수평적이면서 상호적이어야 한다

오늘날 '예의'를 말하면 구년묵처럼 여긴다. 현대에 들어와 일어난 각종 혼란과 뒤이어 따라온 산업의 고속성장은 문화지체를 가져왔다. 이전의 좋은 문화는 시대 발전의 속도에 따라 현대 사회에 맞게끔 새 옷을 갈아입지 못했다. '예의'도 그중의 하나이다. 그래서 '예의'라 하면 웃어른들이나 이웃에게 지켜야 하는 케케묵고 불편한 행동양식으로 생각한다. 배려와 포용이라는 '예'의 본질적 이념을 이 시대에 맞는 그릇에 담아야 한다. '예'는 웃어른이나 상사를 향한 일방적 수직적인 것이 아니라 사람의 관계 속에서 만들어지는 수평적이면서 상호적이어야 한다. 가정이나 공동체마다 다양한 예의 방식이 있음을 인정하고 존중해야 한다. '예'는 근본적으로 함께 살아가는 공동체 안에서 서로 존중하며 살아가기 위한 사회양식이기에 개인의 발전과 사회의 안녕에 큰 영향을 미친다.

프랑스는 예의를 유산으로 간직하며 아이의 삶 한가운데에서 체화시킨다. '봉쥬르'라는 짧은 인사는 사회 속 나를 자각하는 동시에 타인을 향해 열린 태도를 가진다. 가정에서, 학교에서, 부모와 교사가 한목소리로 삶의 예절을 가르칠 때, 아이는 자연스럽게 품격을 배운다. 예의는 더 나은 관계를 만들고 관계는 더 나은 사회를 가능케 한다. 프랑스의 교실과 가정에서 배우는 인사 한마디가 결국 사회 전체의 품격으로 피어난다. '예의'를 말하는 것은 결코 구식이 아니다. 프랑스는 '에티켓'의 전통을 경시하지 않고 사회적 품위로 발전시켰다.

2장

부모는 권위를 스스로 지킨다

부모는 자녀를 키우는데 아이의 생명을 지켜야 하는 보호의 의무와 자녀가 독립적인 생활을 할 수 있도록 교육해야 하는 의무가 있다. 이 의무를 잘 이행하기 위해서 기본적으로 갖춰야 하는 것이 부모의 권위이다. '권위'는 라틴어 'auctor'에서 유래한 것으로 '창시자', '책임자'라는 뜻을 가진다. 권위를 가진 사람은 태어나게 한 부모이며, 능력을 계발하여 스스로의 삶을 살아갈 수 있도록 '가르치는 자'이다. 그래서 부모와 교사는 아이에 대하여 책임자와 가르치는 자로서 권위를 가진다. 부모가 가지는 좋은 권위란 아이의 성장을 위해 사랑하고, 적절한 자극을 주고, 함께하며, 보호해 줘야 하는 것만 아니다. 필요한 것을 요구하고, 때로는 좌절감을 느끼게 하고, 통제를 하며, 한계를 느끼게 하는 것도 좋은 권위를 가지는데 반드시 필요하다. 아이의 올바른 성장을 위해서는 사랑뿐만 아니라 적절한 좌절도 필요하기 때문이다.

부모는 권위가 있어야 한다

프랑스의 아동발달심리학자이며 프랑스 교육부 부부장을 지낸 디디에 플뢰는 권위를 아이들의 건강한 성장과 사회 적응을 위해 반드시 필요한 요소로 보았다. 그는 현대 교육이 지나치게 아이 중심적이고, 그들의 욕구를 무조건 수용하는 방식으로 변하면서, 부모와 교사의 정당한 권위가 약화되었다고 비판했다. 나아가 아이를 적절한 통제 없이 방치하면, 자기 마음대로 행동하는 '앙팡 루이'로 자라 '폭군 청소년', '폭군 어른'이 된다고 경고한다.

육아 혁명을 가져왔다고 일컫는 소아과 의사인 벤저민 스포크는 1960년대 《아기와 육아에 대한 상식》이란 책을 펴내 자녀교육의 새로운 장을 열었다. 그는 아기의 본능적인 욕구를 거부하고 엄격하게 키워야 한다는 기존의 이론에 반하여 부모들은 아기를 기를 수 있는 본능적인 능력을 가지고 있으며, 아이 또한 자기에게 무엇이 필요한지를 본능적으로 알고 있기 때문에 아기의 욕구를 충분히 채워줄 때 아기가 더 좋아하고 안정감 있게 자란다고 주장했다. 그 이후 부모가 권위를 가지고 제재하는 교육방식에서, 아이의 성장 발달을 방해하는 요소를 제거하는 방식으로 발전했다. 스포크 박사는 시대에 맞춰 자신의 저서를 여러 번 개정했다. "가장 두드러진 것은, 무조건적으로 아이의 필요를 아무 조건없이 채워주는 행위는 아이의 욕망을 팽창시키는 것으로 보고 처음 가졌던 자신의 주장이 잘못되었음을 인정하고 수정했다."라고 프레드릭 코크만은 그의 저서 《프랑스 부모들은 권위적으로 양육한다》에서 밝혔다.

현대 사회에 들어 급격하게 권위가 무너진 원인을 68운동*

---

* 1968년 프랑스와 미국을 중심으로 전 세계적으로 일어난 반정부 운동을 의미한다. 베트남 전쟁에 반대해 일어난 이 운동은 20세기 후반 서구권에서 일어난 사회 변동 중 중요한 사건으로 사회, 문화, 교육 전반에 걸쳐 엄청난 변화를 가져왔다.

에서 찾기도 한다. 이 운동은 '금지하는 것을 금지하라', '구속 없는 삶을 즐겨라.' 하는 슬로건 아래 기존의 체제와 권위에 강하게 반발하며 간섭 없는 자유를 외쳤다. 이는 교육에 가장 큰 영향을 미쳤다. 학생과 아이들의 인권을 주장하며 부모나 교사의 억압과 강요를 거부하였다. 이를 통해 아이와 학생들이 잘못된 폭력과 부당한 지시로부터 보호받았다. 학교에서도 한층 자유로운 교육 분위기가 형성되는 긍정적인 면을 낳았다. 하지만 부모와 교사의 정당한 권위마저 부정하여 어떻게 양육해야 하는지 혼란을 가져왔다. 목욕물을 버리면서 사회의 중요한 가치인 아이까지 버린 격이 되어 버렸다.

권위가 교육에서 제자리를 잃게 된 원인을 산업사회의 발달에서 찾아볼 수 있다. 대부분의 전통사회는 권위를 중요하게 여겼다. 권위를 바탕으로 지식을 전수하였고, 사회질서도 굳이 명문화된 법이 아니더라도 공동체의 권위에 의해 자연스럽게 지키는 경우가 많았다. 급속한 산업의 발달로 인해 도시로의 이동과 핵가족이 확산되면서 부모가 가정 내에서 절대적 권위를 행사하기 어려워졌다. 이전에는

전통적인 지식과 경험이 부모의 권위를 절대적으로 뒷받침해
주었지만 기술의 발달과 세대 간의 정보 격차로 인해 지식의
역전 현상으로 도리어 자녀가 부모에게 기술을 가르치는
상황이 되었다.

부모의 권위, 어떻게 해야 하는가?

현재 부모는 전통사회와 비교하여 자녀와 함께할 시간이
적다. 아이들과 많은 시간 함께 놀아주며 적절한 교육을 할
때 자연스럽게 신뢰감이 형성되었다. 이때 부모는 아이가
사랑받고 있는지 아닌지에 민감해하거나 불안해할 필요가
없었다. 하지만 산업사회가 되면서 부모는 자녀를 떠나 많은
시간 일터에서 보낸다. 때로는 일터의 업무가 우선시 되어
자녀와의 약속를 지키지 못한다. 부모와 보내는 시간이
줄어들면 자녀들은 부모의 사랑을 받고 있는지, 보호 받고
있는지 불안감이 든다. 부모는 자녀를 사랑하는 것이
분명하다. 이 마음을 전할 수 있는 방법을 TV에서 친절하게
가르쳐 준다. '좋은 선물을 하라, 선물은 비쌀수록 당신의

사랑은 더 진하게 전달된다.' 이렇게 소비로 모든 것을 해결하려는 사회 속에서 부모는 쉽게 해결할 방법을 찾았고, 선물은 사랑을 대신한다. 하지만 자녀의 불안은 비싼 선물로 해결되지 않는다. 바른 관계가 필요하다.

아이는 부모가 권위를 가지고 적절한 통제를 해줄 때 더 큰 안정감을 누린다. 이것은 강압적이거나 폭력적인 것이 아니다. 올바른 한계를 명확하게 정해주고, 그 안에서 자유롭게 활동할 수 있도록 허용하는 것이다. 권위적인 부모가 아니라 권위를 가진 부모가 되어야 한다. 권위적일 때 아이들은 '잘 모르면서 명령한다'라고 반항한다. 권위를 가진 부모라면 자녀들은 자연스럽게 순종하려고 노력한다. 권위를 걷어내는 것으로 좋은 부모가 되는 것이 아니라 권위를 가진 신뢰할 수 있는 부모가 되어야 한다. 가정에서 바른 권위를 경험하지 못한 아이들은 올바르지 못한 곳에서 권위를 추구한다. 프레드릭 코크만은 자신의 저서 《프랑스 부모들은 권위적으로 양육한다》에서 "우두머리 중심의 엄격한 규율이 있는 집단에서 위계질서의 권위에 복종하는 모양을 띤다."고 했다. 마치 조직폭력배집단과 같은 범죄조직에서의 권위에 절대 복종하는 것과 같다.

바른 권위는 신뢰를 바탕으로 한다. 권위는 단순히 힘이나 지위에서 나오는 것이 아니다. 신뢰를 기초로 해야 올바른 권위가 될 수 있다. 신뢰가 없는 권위는 강압적인 명령으로, 사람들은 이를 억지로 따를 수밖에 없다. 하지만 신뢰를 바탕으로 한 권위는 자연스럽게 존중받고 자발적인 따름을 이끌어 낸다. 가정에서 부모의 권위도 마찬가지다. 자녀는 자기를 향한 부모의 사랑이 영원한 것임을 확신할 때 안정감을 누린다. 공부를 잘하든지 못하든지, 나쁜 아이든지 착한 아이든지, 건강하든지 아프든지 등과 아무런 상관없이 자녀로서 당연하게 영원히 사랑받을 존재임을 알게 해야 한다. 그리고 부모는 자녀에게 일방적인 복종을 강요하지 않고 자녀를 이해하고 소통을 통해 신뢰를 더 쌓아가야 한다.

부모가 권위를 갖기 위해서는 단호하면서 영리하게 명령하는 법을 익혀야 한다. 아이가 부모의 말에 반항하거나 당황하게 하는 일은 특별한 일이 아니라 흔한 일이다. 아이도 자기감정이 있고 쉽고 편한 방법을 선호하기 때문에 자기 중심적인 것을 선택하려고 한다. 이것이 부모의 요구와 맞아떨어지지 않으면 우기거나 반항하는 모습을 보인다. 이때 부모가 인내심의 바닥을 드러내며 화를 내거나 고함을 지른다면, 상황은 부모가 원하는 대로 종료될지 몰라도 이미 주도권은 자녀에게 넘어간 것이다. 바닥을 보이는 부모는, 아이의 입장에서는 만만한 존재로 보인다.

그럼 어떻게 할 것인가? 부모는 당황하지 말고 아이의 눈앞에서, 강하면서 단호한 모습을 보여야 한다. 즉, 큰 소리가 아니라 힘이 실린 낮은 목소리로, 간단하면서도 명확하게 명령해야 한다. 부모가 큰소리로 야단을 치면 아이는 경직되어 본능적이면서 충동적으로 움직인다. 생각 없이 힘에 짓눌려 복종하거나 부모의 부아를 돋운다. 작은 목소리로 말하면 일차적으로 부모가 아이의 상황에 대해 공감할 수 있는 마음의 여유를 가진다. 아이의 입장에서는 경직되지 않고 자신의 행동에 대하여 생각할 틈을 가진다. 그리고 부모의 명령을 받아들일 준비를 한다. 단호하면서도 명확한 명령을 들을 때 부모의 위엄에 기가 죽으면서 부모의 기대를 채우고 싶은 마음에 부모의 요구를 따르기로 스스로 결정한다.

타협은 부모의 권위를 세우는 중요한 과정이다

부모와 자녀 간의 갈등은 피할 수 없는 것이다. 갈등을 해결하는 방식에 따라 부모의 권위가 강화될 수도, 약화될 수도 있다. 많은 부모가 일방적인 명령으로 문제를 해결하려 하지만, 이런 방식은 오히려 자녀의 반발심을 키우고 부모의 권위를 약화시킨다. 반면, 타협을 통해 서로의 입장을 조율하면 부모는 신뢰받는 사람이 되고, 자녀 또한 존중받는다고 느끼며 부모의 권위를 인정하게 된다.

9시까지는 귀가하기로 했는데 자꾸만 자녀가 11시에 들어온다. 일방적으로 규율을 강조하며 9시까지 들어와야 한다고 강압적으로 명령한다면 자녀는 반발심으로 저항하게 된다. 먼저 자녀가 늦게 들어오는 이유를 들어보고 자녀의 입장을 존중한다, 부모는 자녀의 귀가가 늦어지면 걱정된다는 마음을 진솔하게 전한다. 그런 후 타협점을 찾는다. "네가 친구들과 재밌게 놀아야 하는 것도 중요하지만 늦게 들어오면 위험할 수도 있으니 귀가 시간을 10시로 조정하면 어떻겠니? 대신 잘 지켜주면 좋겠다."

타협은 부모의 권위를 무너뜨리는 것이 아니다. 오히려 신뢰를 바탕으로 권위를 세우는 중요한 과정이다. 부모가 자녀의 의견을 존중할 때, 자녀도 부모의 권위를 자연스럽게 인정하게 된다. 특히 타협을 통해 갈등을 해결하는 것은 청소년 시기의 자녀들에게 반드시 필요하다. 자기의 의견을 경청하고 입장을 이해하며, 합리적 대안을 찾아가는 부모를 존경하며 권위를 세워줄 것이다.

자녀와의 갈등 상황에서 감정이 격해져 즉각적으로 반응하면 자칫 감정싸움으로 번질 수 있다. 이때 부모가 침묵하는 것은 단순한 회피가 아니라 감정을 조절하고 관계를 건강하게 유지시키는 방법이다. 침묵은 부모가 감정을 통제하고 있다는 신호를 주며, 부모의 말이 신중하고 무게감이 있다는 인식을 준다. 자녀에게도 감정을 가라앉힐 시간을 주어 자신을 돌아보게 한다. 부모가 감정을 실어 강압적으로 명령하기보다 침묵 속에서 차분한 태도를 유지한 후 단호하게 입장을 밝히면, 자녀는 더욱 진지하게 받아들인다.

《프랑스 엄마 수업》의 저자 안느 바커스는 아무리 좋은 의도라도 부모가 아이의 모든 일에 개입하는 것은 아이의 자존감을 떨어뜨린다고 조언한다.[*] 아이가 고통스러운 감정을 조절하고 스스로 해결책을 찾는 법을 배우지 못하게 하기 때문이다. 부모가 생각하고 기대하는 것과 달리 부모의 조언이 별로일 경우가 많다. 아이는 조언자를 바라는 것이 아니라 자신의 말을 들어줄 사람이 필요하다. 부모는 아이의 질문에 즉각적으로 대답하고 싶은 충동, 자신의 논리를 펼치고 싶은 충동을 억누르고 아이의 이야기를 귀담아들어 줄 때 더 깊은 신뢰를 얻을 수 있다.

권위는 아이가 흔들릴 때 단단히 버팀목이 되어주는 것이다

권위는 두려움의 대상이 아니라 신뢰의 결과다. 진짜 권위는 아이의 마음에 두려움을 심는 것이 아니다. 아이가 부모를 의지할 수 있다고 신뢰를 갖게 하는 것이다. 부모는 신뢰를 심기 위해 사랑과 한계를 동시에 지녀야 한다. 무엇이든 들어 주는 부모가 되면 아이는 세상의 거절을 감당하지 못한다.

---

[*] 안느 바커스, 《프랑스 엄마 수업》, 북로그컴퍼니, 2018, p162.

반대로 너무 강압적인 부모는 아이의 자율성과 감정을 짓누른다. 프랑스 부모들이 강조하는 적절한 거리의 권위는 균형을 의미한다. 명확한 한계를 정하되 아이의 감정에 귀를 기울이고 타협할 수 있는 여지를 남겨두는 태도다. 그럴 때 아이는 부모의 말을 따르는 것을 복종이 아니라 선택이라 여기고 자신의 삶에 책임을 지기 시작한다.

오늘날 우리 사회는 부모의 권위를 오해하거나 포기하고 있는 경우가 많다. 부모의 위엄은 목소리의 크기나 통제의 강도에서 나오는 것이 아니다. 아이의 이야기를 들으며 말소리의 크기를 줄이고, 침묵할 줄 아는 내면의 단단함에서 나온다. 아이가 흔들릴 때 단단히 버팀목이 되어주는 것이 권위다. 아이는 사랑받고 있다는 안정감 속에서 부모의 경계 안에 머무르며 성장해야 한다. 그럴 때 아이는 때가 차면 그 품을 떠나 스스로 설 수 있는 존재가 된다. 부모의 권위는 아이를 붙드는 힘이 아니라 날아오르게 하는 바람이다. 바람은 언제나 아이의 등을 살며시 밀어주되 아이의 날개를 대신하려 하지 않는다.

3장

단호한 규칙 안에서 마음껏 자유를 누린다

미국의 저명한 소아과의사이자 아동발달 전문가인 베리 브레즐톤 박사는 "규칙은 사랑 다음으로 아이에게 줄 수 있는 가장 중요한 선물이다."[*]라고 했다. 프랑스 부모들도 자녀들에게 단호한 규칙을 정해주고, 그 안에서 충분한 자유를 누리도록 보장해야 한다고 말한다. 규칙을 강조하는 프랑스 부모들은 매우 엄격해 보이지만 모든 부분에서 그런 것은 아니다. 몇 가지 핵심 부분에 대해서만 엄격하며 이것을 규칙으로 정해 단호하게 지킨다. 규칙은 아이를 속박하는

---

[*] 안느 바커스, 《프랑스 엄마 수업》, 북로그컴퍼니, 2018, p59.

것이 아니다. 규칙이 없으면 아이는 길을 잃고, 불안해한다. 베스트셀러 작가 파멜라 드러커맨은 《프랑스 아이처럼》에서 "규칙은 아이에게 예측가능하고 일관된 세계를 만들어주고 자신감을 갖게 한다고 말했다.

아이는 부모가 자신과 함께 있으면서 계속적으로 관심을 보여주어야 사랑하고 있다고 여긴다. 하지만 아이가 자랄수록 아이에게 보여주었던 관심과 보살핌은 줄어든다. 아이 스스로 할 수 있는 일들이 늘어날수록 부모의 손길이 줄어드는 것은 당연한 것이다. 그런데 아이는 이런 부모를 보면서 사랑이 줄어들었다고 생각하며 불안감을 느낀다. 아이는 부모가 자기에게 보이는 관심의 양에 비례하여 사랑을 판단하기 때문이다. 아이의 마음은 올바른 행동에 있지 않다. 오직 부모가 자기에게 더 큰 반응과 더 많은 시간 관심을 보여주기를 기대할 뿐이다.

아이는 착하게 굴면서 혼자 가만히 있어야 하는 것보다 말썽을 피우면서 부모의 눈에 띄는 행동을 선택한다. 부모의 관심을 끌지 못하느니 차라리 야단을 맞더라도 부모의 시선을 붙잡으려고 한다. 부모는 긍정적 행동보다는 부정적 행동에 더 민감한 반응을 보이고, 더 깊은 관심을 드러낸다. 아이는 잃어버린 것을 다시 얻어 내는 방법을 찾았다. 아이의 행동은 더욱 제멋대로 굴며 부정적인 행동은 차츰 강화되어 퇴행적 모습을 보인다.

형제가 많을 때 이런 행동은 더 심각하게 나타날 수 있다. 부모가 가진 시간과 에너지는 한정적이다. 아이들은 서로 부모의 관심과 사랑을 갈구한다. 얌전히 있을 때는 기회를 얻지 못한다는 것을 안다. 아이가 부모의 한정된 관심의 양을 자기에게 돌리고 자기만 바라보기를 바란다면 더 강한 행동을 보여야 한다. 자기 혼자 모든 것을 차지하기 위해 경쟁심과 질투심으로 서로 싸우며, 자기중심적인 강한 소유욕을 드러낸다.

부모의 죄책감도 자녀의 퇴행적 행동을 강화시킨다.[*] 부모는 아이를 낳으면서부터 '내가 정말 아기를 잘 키우고 있는가?'라는 마음에 부족함을 떠올리며 죄책감을 느낀다. 아이를 키우는데 도식화된 정답이 없기 때문에 어느 부모든 부족함을 느낄 수밖에 없다. 적당한 자기반성은 자녀교육에 유익을 줄 수 있지만 지속적인 자책에서 나온 죄책감은 아이에게 좋지 못한 영향을 준다. 스스로 나쁜 부모일지도 모른다는 죄책감을 느끼면 아이를 키우는데 자신감을 잃을 수밖에 없다. 이런 감정은 아이에게 전달되고 아이는 자기도 모르게 불안함을 느낀다. 아이는 불안감에 부모에게 더 집착하고 부모는 아이의 요구를 거절하지 못한다. 이것은 아이의 불안감을 감소시키는 것이 아니라 한층 심화시킨다. 완벽한 부모는 없다. 그럭저럭 좋은 부모면 아이에게 충분하다.[**]

---

[*] 프레드릭 코크만, 《프랑스 부모들은 권위적으로 양육한다》, 맑은숲, 2014, p47.

[**] 굿마더 이론(Good Mother Theory)은 아이에게 완벽한 엄마가 아니라 '충분히 좋은 엄마(good enough mother)'가 필요하다는 도널드 위니컷(Donald Winnicott)의 심리학적 개념이다. 엄마는 모든 욕구를 즉시 충족하는 것이 아니라, 아이가 약간의 좌절을 경험하면서 현실 적응력을 키우도록 돕는다. 이런 엄마는 아이의 건강한 독립성과 정서적 회복력을 길러준다.

아이들은 세상이 자기 뜻대로 돌아가지 못하는 것을
이해하지 못한다. 어른들과 다르기 때문이다. 아이는 당장
즐겁기를 바라며, 현재 이 순간에 집중한다. 나중에 어떤
결과를 초래할지 그 결과까지 생각이 미치지 못한다. 단지
즐겁지 않은 것을 멀리 하고 당장 즐거움을 주는 것에
집착하는 쾌락원칙*을 무의식중에 충실히 따를 뿐이다.
부모는 할 수만 있으면 어떤 희생을 불사하더라도 아이의
욕구를 채워 주고자 한다. 이것을 희생적 사랑이요, 숭고한
사랑이라 스스로 생각한다.

부모는 아이가 거절당하거나 좌절하는 것을 안쓰러워
지켜보지 못한다. 그 고통을 할 수만 있으면 경험하지 않게
하려 하고, 어쩔 수 없이 경험하더라도 금방 끝나기를
바란다. 이것을 부모들은 사랑하기 때문이라고 말한다.
아이는 이런 부모 밑에서는 미래를 위한 성장의 터널을
경험하지 못한다. 부모는 아이의 어려움을 언제까지나
해결해 줄 수 없다. 모든 것을 해결해 주던 부모의 울타리가

---

* 프로이드의 '쾌락원칙'은 인간의 무의식적 욕망이 고통을 피하고 즉각적인 만족을
  추구하는 작용하는 원리이다.

사라질 때, 아이는 자기가 원하는 대로 되지 않으면 엄청난 스트레스가 쌓인다. 이때, 아이는 자신감을 잃고 우울 증상이 나타날 수 있다. 아니면 스트레스가 밖으로 터져 나와 충동적이며 공격적인 모습을 보이기도 한다.

프랑스 부모는 교육의 규칙을 어떻게 정할까?

프랑스 부모들은 규칙을 정할 때 권위적이기보다 합리적이고 유연한 방식을 택한다. 그러면 규칙을 정하는 방법을 알아보자.

첫째, 아이들과 충분한 대화를 나눈다. 어떤 것은 허용이 되고 어떤 것은 안 되는지에 대해 의견을 교환한다. 아이들이 규칙을 지키고 스스로 책임지기 위해서는 자녀와 대화를 충분히 나누는 것이 중요하다.

둘째, 명확하고 구체적인 규칙을 몇 가지만 정해야 한다. "일찍 자야 한다"보다는 "밤 9시까지는 잠자리에 들어야

한다"처럼 구체적인 기준을 정한다. 그리고 규칙이 많으면
그 효율은 떨어진다. 꼭 필요한 몇 가지만 정하는 것이 좋다.
너무 많으면 기억하기도 어렵지만 부모도 지쳐 오래가지
못하고 흐지부지되고 만다.

셋째, 규칙을 결정하는 것은 부모다. 아이의 많은 이야기를
듣고 상황을 이해하는 것은 중요하다. 하지만 규칙의 결정권
은 부모에게 있다. 부모는 권위를 갖고 결정하며, 아이가
규칙을 잘 이해하도록 충분히 설명해 주어야 한다.

넷째, 정한 규칙은 일정 기간 우직하게 밀고 나가야 한다.
비난을 받아도 규칙을 바꿔서는 안 되며, 이미 결정하고
선택한 것이 어느 정도 문제가 있더라도 자주 수정해서는
안 된다. 어떤 규칙이든 모든 사람을 만족시킬 수 없다.
힘들어도 습관이 만들어지는 3주 이상은 우직하게 밀고
나가야 한다.

다섯째, 부모에게도 똑같이 적용해야 한다. 9시 잠자리에
드는 것이 규칙이라면 부모도 그 시간에 잠자리에 들어야

한다. 스마트폰을 보는 시간을 줄여야 한다면 부모도 그렇게 해야 한다. 아이들에게만 적용할 경우, 아이는 부당한 강요로 여긴다. 불만이 쌓이면 결국 규칙을 어기게 된다.

마지막으로, 결과에 대해 보상이 있어야 한다. 아이가 보상을 받으면 규칙을 긍정적으로 받아들인다. 이는 내적 동기를 강화시켜 자기 스스로 규칙을 지키고 기다리는 법을 배워 인내하며 자기 조절 능력을 키운다. 또한 부모가 주는 보상은 자기가 사랑받고 있고, 부모에게 존중받고 있다는 것을 알게 함으로써 안정감을 갖는다. 물론, 물질적인 보상을 지나치게 하면 규칙이 갖는 중요한 의미보다 보상 자체에 집중할 수 있기 때문에 마음이 담긴 작은 선물이나, 같이 놀아주거나, 같이 시간을 보내는 비물질적 보상이 좋다.

프랑스 부모는 아이에게 비난하지 않고 야단을 친다

아이가 규칙을 어기면 비난하지 말고 야단을 쳐야 한다. 규칙을 어겼을 때 훈육하는 방식에 따라 아이가 규칙을 받아들이는 태도가 달라진다. 잘못된 방식으로 야단을 치면 아이는 위축되거나 반항하지만 올바른 방법으로 야단치면 규칙을 더 잘 이해하고 책임감을 키우는 기회가 된다.

• 바른 야단은 먼저 부모가 감정을 조절하여 차분하게 말해야 한다.

화를 내면서 감정적으로 야단을 치면 아이는 부모의 말보다 감정적인 반응에 집중한다. 차분한 목소리로 단호하게 말해야 아이가 부모의 말을 진지하게 받아들인다.

"또 장난감 안 치웠어. 도대체 몇 번 말해야 알아듣겠어? 너 때문에 미치겠어!!"(×)
"장난감을 치우기로 했는데 그대로 두었네. 약속을 지키는 것은 아주 중요해. 지금 정리하자!(O)

• 바른 야단은 행동에 초점을 맞춰야 한다.

아이를 나무라다 보면 나타난 행동보다는 인격을 무시하거나 공격하기가 쉽다. 아이는 자기의 존재가 거부당하는 느낌을 받으면 자존감이 낮아질 수밖에 없다. 아이의 인격을 비난하는 것이 아니라 잘못된 행동을 지적해야 한다.

"또 숙제 안 했어? 넌 왜 매번 약속을 안 지키고 게으르니?"
"숙제를 안 하면 수업을 따라가기 어렵겠지? 계획을 잘 세워
숙제를 해 보자!"

• 규칙을 다시 설명하고 이유를 알려주어야 한다.
처음 규칙을 정할 때는 동기가 명확해 잘 지키지만, 시간이
지날수록 느슨해져 규칙을 어길 수 있다. 그때는 규칙을 한
번 더 설명하여 중요성을 이해하도록 한다. 아이가 규칙을
충분히 이해하면 자발적으로 지켜나갈 수 있기 때문이다.

"밤 9시 자야 하는 이유는 내일 피곤하지 않고 해야 하는 일에
집중할 수 있기 때문이야!"

• 규칙을 어겼다고 상처 주는 말을 해서는 안 된다.
아이들은 부모의 말을 듣지 않는 것 같지만 항상 잘 듣고
있다는 것을 기억해야 한다. 듣는 태도가 어른과 다르다고
하여 듣지 않는 것이 아니므로 상처를 주는 말은 반드시

피해야 한다. 부모가 하는 말은 아이의 인격에 큰 영향을 끼치기 때문이다.

단정하고 꼬리표 붙이는 말.

"너는 항상 그러니?", "또 그랬어?"

겁주고 윽박지르는 말.

"빨리 오지 않으면 나 혼자 간다!", "한 번 더 실수하면 어떻게 되는지 알지?", "아빠한테 일러바쳐야겠다!"

죄의식을 일으키는 말.

"너 때문에 화가 나서 못 살겠어!", "너 때문에 병이 날 것 같아!", "내가 너를 어떻게 키웠는데! 엄마에게 이럴 수 있니?"

야단을 치는 목적은 아이를 혼내는 것이 아니다. 규칙을 이해하고 올바른 행동을 하도록 돕는 것이다. 가정에 맞는 규칙을 정하여 함께 지키는 과정을 통해 아이는 스스로 규칙의 필요성을 깨닫고 책임감을 가진 성숙한 사람으로 성장할 수 있다.

아이에게 규칙은 족쇄가 아니라 지도이다. 단호한 규칙은 아이를 통제하려는 도구가 아니라, 세상을 헤쳐나갈 수 있도록 돕는 나침반이다. 프랑스 부모들은 무조건 자유를 허용하지 않는다. 부모가 만든 규칙 안에서 마음껏 자유를 누리게 한다. 부모가 정해놓은 일관된 규칙 안에서 아이는, 세상이 예측 가능하다는 안정감을 느끼게 되고 질서와 규칙에 맞게 스스로 행동을 조절하는 힘을 키울 수 있으며, 경계가 분명한 울타리 안에서 자율성과 창의성이 자유롭게 자란다.

규칙은 단호해야 하지만 동시에 따뜻해야 한다. 규칙을 정할 때 아이와 대화하고, 이유를 설명하고, 부모 스스로 함께 실천하는 모습은 아이에게 깊은 신뢰를 준다. 규칙을 어겼을 때 야단치는 방식 역시 아이의 인격을 충분히 존중해야 한다. 그래야 아이가 처벌에 마음 상하지 않는다. 규칙을 통해 부모의 사랑과 기대를 느낀 아이는, 부모의 통제를 억압으로 여기지 않고 그 질서를 내면화하여 외적인 강제

없이도 스스로 선택하고 책임지는 사람으로 자라난다.
규칙은 사랑을 품은 질서이고, 질서를 경험한 아이는 참
자유를 누릴 줄 아는 어른으로 성장한다.

4장

행동과 체벌, 아이의 감정은 존중하고
행동은 엄격하게 가르친다

어떤 부모는 "아이의 감정을 존중해야 한다"며 체벌을 반대한다. 또 다른 부모는 "잘못된 행동은 바로잡아야 한다"라며 엄격한 규율을 강조한다. 아이의 감정을 존중하는 것과 규율을 가르치는 것, 어느 것 하나 포기할 수 없이 둘 다 중요하다. 프랑스 부모들은 이 두 가지를 조화롭게 결합하는 방법을 알고 있다. 그들은 아이의 감정을 따뜻하게 받아들이면서도, 행동에 대한 분명한 기준을 설정한다. 사랑과 체벌은 서로 충돌하는 것이 아니다. 아이의 성장에 필요한 두 축으로 함께 작용해야 자아가 건강하고 다른 사람을 잘 이해하는 사람으로 성장할 수 있다.

부모는 교양 있는 독재자가 되어야 한다

부모는 교양 있는 독재자가 되어야 한다. '교양 있는 독재자'란, 엄격한 원칙을 세우되 그것을 강압적이지 않고, 지혜롭고 품위 있게 실천해 나가는 부모를 뜻한다. 이러한 부모는 아이가 따르기 힘든 규칙이라도 그 이유와 가치를 충분히 설명해 아이가 이해할 수 있게 한다. 현대의 많은 부모는 자녀의 눈치를 보고, 비위를 맞추느라 지나치게 유연한 태도를 보인다. 자녀가 불만을 표시하거나 조금이라도 상처를 입을 것 같으면, 부모는 금세 자신의 원칙을 꺾고 타협한다. 이러한 부모의 태도는 아이에게 혼란을 주며, 가정에서의 질서가 무너질 수 있다. 부모가 일관성을 잃고 흔들리면 아이는 무엇을 따라야 할지 헷갈린다. 결국 부모의 권위는 약해진다.

프랑스 부모들은 '교양 있는 독재자'로서의 역할을 해야 한다고 말한다. 부모는 가족의 책임자로서 대부분의 결정을 내리는 역할을 한다. 이는 배의 방향을 결정하는 선장이나, 전쟁에서 진두지휘하는 사령관과 같다. 훌륭한 선장과 사령관은 폭풍 속에서도 흔들리지 않는다. 단호한 결정을 내리고 나아갈 방향을 정확히 지시한다. 부하들은 이런 지휘관 밑에서 안정감과 신뢰를 느끼며, 자신감을 갖고 따를 수 있다. 가정에서도 마찬가지다. 부모가 아이의 사랑을 얻기 위해 눈치를 살피고 비위를 맞춘다면, 부모는 아이가 원하는 대로 끌려다닌다. 부모는 자녀교육의 목표와 방향을 잃고 명확한 지시를 내리지 못한다.

아이는 부모가 무엇을 해주기 때문에 사랑하는 것이 아니다. 부모는 아이를 위해 헌신하지만, 아이의 사랑을 구걸할 필요는 없다. 부모가 아이의 사랑에 목말라 하지 않더라도 아이는 본능적으로 부모를 사랑하는 존재이다. 부모를 의존해야만 살아남을 수 있음을 아이는 본능적으로 알고 있다. 아이는 부모가 단호하고 확신에 찬 태도를 보일 때, 오히려 더 큰 안정감을 느낀다. 부모가 아이의 성장과 가정의 조화를 위해 흔들림 없이 분명한 결정을 내린다면, 아이는 자연스럽게 부모의 권위를 존중하며 따른다. 그리고 아이는 이 바탕 위에서 건강한 자아를 형성하게 된다.

부모의 결정이 언제나 아이들에게 곧바로 받아들여지는 것은 아니다. 아이들은 성장하면서 자신의 의견을 표현하고 싶어 한다. 때로는 부모의 결정을 "싫어!", "아니야!"라고 단호하게 거부하기도 한다. 이러한 반항은 단순한 고집이 아니다. 아이가 자기의 정체성을 찾아가는 자연스러운 과정이다. 이럴 때, 부모가 화를 내거나 힘을 바탕으로 하는 권위로 억누르면 안 된다. 아이의 생각을 들어주는 것이 중요하다. 아이가 반항하는 이유를 조용히 물어보라. 부모가 아이의 감정을 이해하려는 태도를 보이면, 아이도 자신의 의견이 존중받는다고 느끼며 반항을 하지 않고 부드러워진다. 부모가 아이의 마음을 알아채고 따뜻하게 공감할 때 아이는 부모로부터 이해받고, 사랑받고 있다고 느낀다. 그러면 아이는 거리낌 없이 부모가 세운 규칙을 마음 깊이 받아들인다.

아이가 싫다거나 부모의 바람에 벗어날 때, 부모는 아이의 감정을 존중하고 아이의 입장을 이해하려는 노력이 필요하다. 몇 가지 방법을 소개해 보면,

• 감정 인정하기.

아이가 '싫어!'라고 할 때, 그 감정을 무시하거나 강제로 바꾸려 하지 않고, 아이의 감정을 인정해 주라. 예를 들어, "지금 너는 이걸 하기 싫어서 화가 난 거구나." 하고 말하며 아이가 느끼는 감정이 정당하다는 것을 알려주는 것이 중요하다. 감정을 인정받은 아이는 자신의 감정을 신뢰하며 부모와의 신뢰를 쌓을 수 있다.

• 감정을 말로 표현하게 도와주기.

아이가 감정을 제대로 표현하지 못할 때, 부모가 아이의 감정을 대신 말로 표현할 수 있다. 예를 들어, "지금 네가 많이 슬프구나! 슬픈 이유가 무엇인지 말해 줄 수 있니?"라고 물어보며 아이가 자신의 감정을 알 수 있도록 돕는다. 이는

아이가 자기감정을 인식하고, 이를 표현하는 능력을 기르는데 도움이 된다.

• 공감하기.

아이가 싫어하는 일을 해야 할 때, 부모가 아이의 감정에 대해 공감하는 태도를 보이는 것이 중요하다. "네가 그것을 하기 싫어하는 건 이해해. 정말 힘든 일이겠지. 하지만 우리는 해야만 해." 하고 말하면, 아이는 부모가 자신의 감정을 진지하게 받아들이고 있다는 느낌을 얻는다. 공감은 아이에게 안정감을 주고, 부모의 말을 더 잘 듣게 한다.

• 선택권 제공하기.

아이가 부모의 바람에 반항하거나 불만을 표시할 때, 작은 선택권을 주는 것이 큰 효과를 낳을 수 있다. 예를 들어, "이 숙제를 먼저 할래, 아니면 나중에 할래?" 혹은 "이 두 가지 중 어떤 걸 먼저 할래?"와 같은 식으로, 아이가 스스로 결정할 수 있도록 돕는다. 선택을 제공하면 아이는 자율성을 느끼며 자신의 의견을 존중받는다고 느낀다.

• 행동과 감정 구분하기.

아이가 감정을 표출할 때, 부모는 그 감정을 존중해야 하지만, 행동은 지적하는 태도를 가져야 한다. 예를 들어, 아이가 화가 나서 소리칠 때, "네가 화나는 건 이해해. 하지만 소리치는 건 다른 사람들이 불편할 수 있어. 차분하게 말해줄래?" 하고 말하며 감정은 인정하되, 부적절한 행동은 교정하는 것이 중요하다. 이를 통해 아이는 감정을 적절히 표현하고 감정을 행동과 구분할 수 있다.

프랑스에는 '라페세'라 불리는 엉덩이를 때리는 체벌이 있다. 프랑스 의회에서 체벌을 금지하기 이전에 프랑스에서 일상적으로 사용했다.[*] 놀이공원이나 가게, 심지어 길거리에서도 말썽 피운 아이들을 체벌하는 모습을 볼 수 있었다. 프랑스 엄마들은 체벌하는 이유를 제대로 된 시민의식을 심어주기 위함이라고 말한다.[**] 아이를 훈육하는 방법 중에 체벌은 시대나 문화권에 따라 생각이 다르다.

---

[*] 캐서린 크로퍼드, 《프랑스 아이들은 왜 말대꾸를 하지 않는가?》 아름다운 사람들, 2013, p29.

[**] 최경선, 《북유럽 자녀교육의 비밀》, 성안당, 2017, p193.

지금은 대다수의 나라와 문화권에서 체벌을 금지하고 있다. 아이들은 체벌을 통해 배울 수 있는 것이 더 이상 없기 때문이다. 체벌은 자기 스스로 나쁜 아이라고 낙인찍고 자기 처벌 성향으로 발전할 수 있기 때문이다. 그렇다고 잘못했을 때 내버려 둘 수도 없다. 벌을 주어 잘못한 것을 바로잡아야 한다. 프랑스 교육에서 부모는 아이의 감정을 존중하면서도, 행동을 바로 잡는 것을 중요하게 여긴다. 벌을 줄 때, 아이의 감정을 상하지 않게 하면서도, 행동에 대한 책임을 지게 하는 4대 황금률을 알아보자.

아이가 규칙을 어겼을 때 바르게 벌하는 방법 4대 황금률

• 공정하고 일관되게 적용하라.

프랑스 부모들은 항상 일관된 규칙을 세우고, 그 규칙을 지킬 것을 강조한다. 규칙을 어기면 어떤 결과가 따라오는가를 아이는 미리 알고 있어야 한다. 일관성으로 인해 아이는 예측 가능한 결과에 따라 자신의 행동을 조절할 수 있다. 프랑스 교육에서 중요한 것은 예외 없이 공정하게 벌을 주는 것이고,

이를 통해 아이는 공정성을 배우며 책임감을 기른다는 것이다.

• 아이의 감정을 고려하되, 행동에 대한 책임을 물어라.

프랑스 부모들은 아이가 실수를 했을 때, 그들의 감정을 존중하면서도 잘못된 행동에 대해선 명확한 책임을 묻는다. 예를 들어, 아이가 화를 내거나 거부할 때, 부모는 "네가 화난 것은 이해하지만, 그 행동은 옳지 않았어." 하고 이야기하며, 아이가 감정을 표현하도록 허용한다. 그리고 아이가 행동에 대한 책임을 지도록 한다. 프랑스 교육에서는 아이가 자신의 감정을 올바르게 다루고, 그로 인한 결과를 스스로 책임질 수 있는 법을 가르친다.

• 항상 벌을 주는 목적을 기억하라. 벌은 교훈과 성장을 위한 것이다.

프랑스 부모들이 벌을 주는 가장 중요한 이유는 아이의 성장과 교훈 때문이다. 그들은 벌이 단지 처벌이 아니라, 미래의 선택을 더 나은 방향으로 이끄는 도구가 되어야 한다는 믿음을 가지고 있다. 예를 들어, 잘못된 행동을 했을 때, 부모는 단순히 벌을 주는 데 그치지 않고, 왜 그 행동이 잘못됐는지, 어떻게 하면 더 좋은 선택을 할 수 있을지에 대해 대화를 한다. 이렇게 프랑스 교육에서 벌은 단순히 아이의 잘못을 지적하고 고통을 주는 것이 아니라, 아이가 자기 행동을 반성하고, 책임을 지며 성장할 수 있도록 돕는 중요한 기회로 삼는다.

• 함께 보내는 시간의 1/3을 넘지 마라.

인간은 생물학적으로 위험하거나 비정상적인 것에 훨씬 민감하게 반응한다. 이런 성향으로 부모들은 자녀들의 실수나 잘못, 결점이 눈에 더 잘 들어와 이것을 교정하기 위해 아이들과 함께 하는 많은 시간을 보낸다. 야단칠 충분한 이유가 있다 하더라도 아이와 함께하는 시간의 1/3을 넘기면 안 된다. 야단을 치기 전에 아이의 장점과 착한 행동을 칭찬하는 시간을 2/3 확보해야 한다. 아이는 야단친다고 바뀌는 것이 아니다. 사람은 자기를 인정하고 사랑하는 사람을 기쁘게 해주기 위해 기꺼이 변화하는 어려운 수고를 감내한다.

아이의 감정은 존중하고 행동은 엄격한 기준을 적용하라

아이의 감정을 존중하고 이해하는 것과 행동을 엄격하게 가르치는 것은 교육에서 서로 상호보완 관계에 있다. 행동을 엄격하게 제재하기 위해 내리는 체벌은 나무의 가지치기와 같다. 너무 세게 자르면 나무를 다치게 하고, 부족하면 제멋대로 자라듯이, 적절한 시점과 현명한 방법이 필요하다. 감정을 존중하고 이해하는 것은 햇살처럼 아이의 마음에 비춰주어 건강한 성장을 돕지만, 지나치면 자기중심적인 사람이 될 수도 있다. 이 두 가지가 균형을 이룰 때, 아이는 감정과 행동이 안정된 성장을 할 수 있다. 따뜻한 관심과 사랑 속에서 규율을 지키는 환경을 제공하는 것이 부모의 역할이며, 이를 통해 아이는 자신감을 얻고, 사회적 책임감을 배울 수 있다. 따라서 아이의 감정을 존중하고 잘 이해해야 하지만 바른 행동을 할 수 있도록 일관성 있고 현명한 벌도 포기하지 말아야 한다.

5장

프랑스의 교사가 무너지지 않는 이유는 권위가 있기 때문이다

한국의 교육 환경은 빠르게 변화고 있다. 학생 인권이 강조되고 교육방식이 다양해지면서 교육 현장은 새로운 분위기에 적응하려고 애쓰고 있다. 교육 현장에서 교육이 제대로 이루어지기 위해서는 교사의 권위가 충분히 존중받아야 한다. 교사의 지도권이 약화될 경우 학습의 질도 낮아질 수밖에 없다. 이를 위해서는 교사 스스로 교권을 지켜야 하지만 학부모의 신뢰와 협력, 국가의 조율과 지원이 뒷받침되어야 한다. 프랑스는 교권이 강력한 나라로 알려져 있다. 프랑스에서는 교사의 권위가 단순한 개인의 것이 아니라 교육의 핵심 요소로 여기기 때문이다. 프랑스 정부는 교권을 법적으로 강력하게 보호하고 있으며, 부모 또한 교사의 권위를 세우기 위해 최선을 다한다. 학생, 학부모, 국가가 다 함께 교사의 권위를 인정하고 존중할 때 안정적인 교육이 일어날 수 있다는 사실은 너무도 당연한 이야기다.

프랑스는 교권이 굳건하다

학생이 교사를 모욕하거나 심지어 폭력을 행사하는 사건이 우리나라 교육 현장에서뿐만 아니라 프랑스 학교에서도 일어난다. 하지만 이것을 대하는 방식이 사뭇 다르다. 우리 나라에서는 이런 사건을 바라볼 때, 학생 개인의 일탈을 부각시키고 교사의 개인적 피해에 집중한다. 반면, 프랑스는 사회적 문제로 인식한다. 그래서 우리나라보다 엄격하고 강력한 처벌과 함께 재발 방지를 위한 실질적 노력을 기울인 다. 프랑스와 우리나라는 교권을 바라보는 문화가 다르기에 문제가 발생했을 때 대응하는 방법과 해결책 또한 다르다.

프랑스에서 교사의 권리는 개인의 권리가 아니다. 프랑스 교육의 중심은 공화국 가치인 세속주의, 자유, 박애, 평등에 있으며, 교사는 이런 공화국의 가치를 전달하는 공인된 사람이다. 그래서 교사에 대한 공격은 단순히 개인에 대한 공격으로 여기지 않고, 사회적 가치에 대한 공격으로 매우 심각하게 대한다. 근래 우리나라는 학부모의 위상이 높아지면서 일부 학부모들은 교사를 교육 전문가로 보지 않고, '내 아이의 서비스 제공자'로 여기는 경향이 있다. 이런 사회 분위기에 편성, 교사는 교육철학이나 전문적 교육 과정을 바탕으로 교육하기보다 고객인 부모의 요구를 수행하는 모습을 보이기도 하는데 그럴 경우, 교육은 본연의 가치를 잃고 좌표 없이 표류할 위험이 높다.

프랑스 사회는 역사적으로 교사의 권위를 보호하는 전통이 강하다. 1881년 제정되어 프랑스 교육의 기초를 놓은 '쥘 페리 법'은 교사의 권위를 법적으로 보호하기 위하여 교사를 국가 공무원 신분을 부여하고 있다. 이 법을 근거로 교사는 교육 현장에서 사회적 가치에 부합한 교육을 독립적으로 지도할 수 있는 자율성을 보장받는다. 사회는 이렇게 교사의 권위를 존중함으로써 학생들이 교사를 존경하고 따르는 풍토를 만들었다. 지금도 프랑스 사회는 교사를 존경하며 권위를 인정하고 있다. 교사는 주어진 권위 위에서 학생들의 도덕적, 사회적 발달을 이끄는 중요한 역할을 책임성 있게 감당하고 있다.

교사들은 자신의 권위를 스스로 지킨다

프랑스의 교사들은 교육 현장에서 자신의 역할이 무엇인지 잘 이해하고 있다. 또한 교사로서 지켜야 하는 윤리와 교육 현장이 가진 규칙을 지키려고 최선을 다한다. 규칙은 학생 처벌을 목적으로 두지 않는다. 서로에 대한 존중과 책임을 강조하는 교육적 가치를 가진다. 학생들이 규칙을 어길 때 교사는 엄격하게 대한다. 예를 들면, 학생이 교사의 말을 거부하거나 수업을 방해하면 교사는 이것에 대해 일일이 대응하지 않는다. 규칙에 따라 단호한 처벌을 내린다. 정학이나 퇴학 조치도 불사한다. 교사의 권위는 학교 공동체의 핵심가치로 자리 잡고 있어 학생들이 함부로 할 수 없는 영역이다. 학생과 학부모는 이를 인정하고 받아들이는 것이 사회정서이다.

교사의 권위는 그 전문성에서 나온다. 그러므로 프랑스의 교사들은 자신의 전문성을 지속적으로 발전시키고 있다. 그들은 정기적인 연수와 교육 과정에 참여하여 새로운 교육 방법과 이론을 습득한다. 이를 통해 교사는 계속해서 학생들에게 더 나은 교육을 제공할 수 있도록 노력하며, 자기 발전을 통해 자연스럽게 자신의 권위를 강화한다. 이러한 교사의 지속적인 노력과 열정을 통해 교사의 권위가 단순히 지위나 직책이 아니라 헌신적인 교육의 결과로 존중받고 있다.

프랑스에서는 자신들의 권리를 지키기 위한 활동이 적극적이다. 교사들도 자신들의 권리와 교육의 질을 지키기 위해 노동조합과 다양한 교사 단체를 통해 활발하게 목소리를 낸다. 교사들이 속한 노동조합은 다른 노동조합이 그렇듯 교육 현장에서 발생하는 문제들에 대해 강력하게 발언한다. 필요하면, 교사 파업과 같은 방법을 통해 그들의 요구를 관철시킨다. 하지만 이는 단순히 자신들의 이익을 보호하는 것 이상의 의미를 지닌다. 교사들은 교육에 대한 진심 어린 열정으로 학생들에게 더 나은 교육 환경을 제공하는데, 이는 교사의 권위를 사회적으로 인정받는 중요한 역할을 한다.

학부모가 교사의 권위를 세운다

프랑스에서 학부모들은 교사의 결정과 권위를 존중한다. 교사가 교육적인 결정을 내리면 부모들은 그 결정을 받아들인다. 물론 학부모들이 자기 자녀의 학교 성적이나 행동에 대해 상담을 요청할 수 있다. 하지만 교사와 상담하는 게 쉽지 않다. 상담하기 위해서는 사유가 분명해야 하며, 미리 상담 신청을 해서 예약을 잡아야 한다. 상담 시간은 1시간 30분을 훌쩍 넘길 때도 많다. 교사는 학부모를 만나면 자녀에 대해 객관적이고 전문적인 의견을 제시한다. 학부모는 교사의 의견을 듣고 이야기를 나누며 교사의 조언을 받아들인다. 이런 모습은 교사의 권위 위에 교사와 부모가 함께 자녀의 교육 문제를 의논하고 해결해 가는

모습으로 비춰 자녀는 교사를 더욱 신뢰하여 안정감 있는
교육을 받는 토대가 된다.

프랑스 교육 시스템에서는 교사와 학부모 간의 역할 구분이
명확하다. 교사는 학생들의 학습과 행동에 관한 전문적
책임을 진다. 학부모는 자녀의 교육적 환경과 정서적 지원을
담당한다. 교사가 학생의 과제 제출 시점을 명확히 지정하
고 안내하면, 학부모는 그 규칙을 그대로 따른다. 학부모는
자녀에게 교육적인 지원을 제공하지만, 교사에게 교육적
결정 권한을 위임하고 교사의 결정을 존중한다. 이에 반해
우리나라 학부모는 자녀가 과제를 제출하지 못했다고
교사에게 직접 연락하여 기간을 연장해 달라거나 추가
기회를 달라고 요구하기도 한다. 이런 행동은 자녀들에게
교사는 자신을 위한 서비스 종사자라는 인식을 심어준다.

프랑스에서는 학부모가 교사의 결정에 간섭하지 않는 것이
일반적이다. 프랑스의 고등학교에서 부모가 교사의 학습
방침이나 평가 방식에 대해 의문을 제기하더라도, 교사는
전문적인 근거를 들어 부모에게 설명하고, 부모는 그

결정을 존중한다. 학부모는 교사의 결정을 교육적 관점에서 이해하고 받아들인다. 이는 자연스럽게 학생에게도 교육적 신뢰를 쌓게 한다. 우리나라도 이런 사례는 많다. 하지만 그 결과는 씁쓸하다. 학부모는 교사의 평가 기준에 대해 불만을 제기하며 자녀의 성적을 조정해 달라고 요청한다. 교사는 자신의 평가 기준이 객관적이고 공정하다는 점을 설명하지만, 학부모는 이를 받아들이지 않고, 학교를 상대로 성적을 재조정할 것을 요구하기도 한다. 결국, 이런 상황은 교사의 권위가 침해되는 결과를 가져오고 교사와 학부모 사이에 갈등의 골이 깊어진다.

국가가 교권을 보호한다

프랑스에서는 교사의 권위를 법적으로 보호하기 위해 강력한 교육법과 정책을 시행하고 있다. 교사는 국가가 인정하는 교육 공무원으로서 존중받아야 한다는 원칙을 가지고 있다. 프랑스 교육법Code de l'Éducation에서는 교사에 대한 폭력, 모욕, 위협 행위를 법적으로 처벌하게 한다. 학부모나 학생이 교사를 부당하게 대할 경우, 벌금형이나 법적 제재를 받을 수 있으며, 심각한 경우 형사처벌까지 가능하다. 반면, 한국에서는 교사가 학생이나 학부모로부터 부당한 대우를 받더라도 이를 효과적으로 보호할 법적 장치가 부족하다. 최근 몇 년 동안 한국에서도 교권 보호 법안이 마련되고 있지만, 실질적으로 교사를 보호하기에는 턱없이 부족한 실정이다.

프랑스에서 교사는 교실에서 독보적인 위치에 있다. 교사의 지시에 불응하거나 교실에서 질서를 어지럽히는 학생에게 얼굴을 붉히거나 다툴 필요가 없다. 즉각적인 퇴실을 명령할 수도 있다. 그리고 학교 위원회에 넘겨 정학이나 퇴학을 시킬 수도 있다. 이에 반해 한국에서는 교사가 학생을 퇴실시키는 게 쉽지 않다. 징계를 내리더라도 학부모의 항의로 인해 징계가 철회되거나 교사가 비난받는 경우가 많다. 이로 인해 한국 교사들은 학급 내 규율을 세우는 데 어려움을 겪고 있으며, 이는 전반적인 교육 환경의 악화로 이어지고 있다.

교사가 존중받아야 교육이 바로 선다

최근 한국에서 교사들의 이직률이 급증하고 있다. 특히, 임용된 지 1년이 채 되지 않은 교사들이 교단을 떠나는 현상이 심각한 문제로 떠오르고 있다. 가장 큰 원인은 교권 붕괴로, 학부모의 지나친 간섭과 무리한 요구가 개인의 삶을 흔들기까지 한다. 이는 단순한 개인의 문제가 아니다. 교육권 침해로 인식하고 국가와 사회가 적극적인 개입으로 교사의 권위를 세우기 위해 제도적 뒷받침과 함께 적극적 노력을 기울여야 한다.

프랑스는 '쥘 페리법' 이후 교사의 권위를 법적으로 보장하며, 교사의 교육적 판단이 존중받도록 제도적으로 뒷받침하고 있다. 학부모는 교사의 결정을 수용하며, 교사와 학부모 간의 역할 구분이 명확하다. 또한, 사뮈엘 파티 사건* 이후 교권 보호가 더욱 강화되어, 교사를 모욕하거나 폭력을 행사하는

---

* 사뮈엘 파티 사건은 2020년 프랑스에서 표현의 자유를 가르치던 역사교사 사뮈엘 파티가 이슬람 극단주의자에 의해 참수 당한 사건이다. 이 사건은 프랑스 사회에 큰 충격을 주었으며, 교사의 역할과 표현의 자유에 대한 국가적 성찰을 이끌었다.

"

학생에게 강력한 법적 조치를 취하고 있다. 국가가 나서서 교권을 보호하는 것이, 곧 교육의 질을 높이는 길이라는 사회적 합의가 존재한다.

교사는 단순한 지식 전달자가 아니라, 공동체의 가치를 이어가는 공익자다. 교권이 흔들리면 결국 학생들도 존중과 책임의 가치를 배우지 못하고, 사회 전체의 신뢰 구조가 무너질 위험이 크다. 이제는 교권 회복을 위한 실질적이고 실속 있는 대책을 신속히 마련해야 한다. 프랑스처럼 교사의 권위를 보호하는 법적·제도적 장치 강화, 학부모와 학생의 교육 문화 개선, 교사 지원 체계 마련이 시급하다. 교사가 존중받을 때, 비로소 교육도 바로 설 수 있기 때문이다.

II
프랑스 교육의 중심엔 부부가 있다

6장

부모가 행복해야 자녀가 행복하다

한국 사회는 자녀가 성장한 후 부부 사이의 거리감이 커지고 있다. 자녀가 어릴 때는 부부의 공통된 관심사와 대화의 주제가 대부분 자녀이고, 자녀가 가정의 중심을 차지하는 경우가 많다. 하지만 자녀가 성장하고 나면 더 이상 자녀가 가정의 중심이 아니다. 아이가 성장한 후 부부 두 사람만 남으면 부부가 서로 의지하고 오순도순 살아가는 부부 중심의 가정으로 돌아가야 하는데 그러지도 못한다. 부부의 관계가 데면데면해지며 심지어 공허함마저 찾아온다고 말하는 사람이 많다. 관계를 회복해 보기 위해 노력도 해보지만 갈수록 부부에 대한 만족감이 떨어지고 정서적 거리감만 더 멀게 느껴진다고 한다.

프랑스 가정에서도 부부에게 아이는 중요하다. 아이의 관심사를 살피고 필요를 채우려고 노력한다. 하지만 아이가 가정의 전부는 아니다. 아이가 가정에서 차지하는 비중이나 중요도가 남편이나 아내보다 앞서지 않는다. 가정에서 가장 중요한 1순위는 부부 관계다. 아이가 1순위가 되게 내버려두지 않는다. 이는 자녀의 심리적 안정과 정서적 발달에 도리어 긍정적 영향을 주기 때문이다. 그렇다고 한국 사회의 자녀 사랑을 결코 평가절하할 필요는 없다. 다른 면들을 바라보면서 현재에 일어나는 문제를 보완하면 될 것이다.

아이는 부모의 소유물이 아닌 독립적 인격체이다

아이는 작고 어리다. 부모의 보살핌이 없으면 아이는 생존에 심각한 어려움이 발생한다. 하지만 어리다는 이유로 아이는 미완성 인간이 아니며 부모의 소유물도 아니다. 한국 사회에서는, 자녀는 부모에게 순종해야 하는 존재라는 생각과 함께, 부모는 자녀를 자기의 인생 연장선상에 있다고 생각하는 경향이 강하다. 그래서 부모의 말을 잘 따르고 순종하는 자녀는 '착한 자녀'라고 말한다. 대신 부모는 자녀의 성공을 위하여 모든 것을 쏟아붓는데 주저하지 않는다. 가정의 식비와 문화비는 줄일지라도 자녀를 위한 학원비, 과외비는 줄이지 않는다. 2021년 기준으로 우리나라에서 자녀 한 명을 만 18세까지 키우는데 드는 비용은 약 3억 6,500만 원으로 조사되었다.[*] 우리나라 1인당 GDP[**]에 비하면 매우 높은 편이다. 부모는 자신들의 노후 준비를 포기할지라도 자녀의 미래를 위한 가계 지출은 줄이지 않는다. 자녀가 잘되는 것이 부모가 잘되는 것이라는 연결선이 존재한다.

프랑스 부모들은 자녀들을 자신의 소유물로 보지 않는다. 비록 자신들이 낳고 키우는 존재지만 아이를 독립적인 인격체로 본다. 그래서 부모들은 자녀들의 감정을 억누르지

---

[*] [투자전략] 자녀 1명 양육에 3억 6,500만 원…시기 맞춰 목돈 준비하려면, 이투데이, 2023. 9. 29.

[**] 4,700만 원.

않는다. 특히 슬픔이나 분노, 좌절감과 같은 부정적인 감정일수록 현명한 방식으로 표현하도록 돕는다. 아이들은 어리지만 독립적 존재이기 때문에 부모와 다른 의견을 가질 수 있다고 생각하고 그럴수록 더 존중하고 잘 들어준다. 그들이 스스로 선택할 수 있는 기회도 주며, 그에 대한 책임도 요구한다. 프랑스 부모들도 아이들을 잘 돌보고 훌륭하게 키워야 한다는 생각을 가지고 있다. 하지만 자녀를 성공시켜서 자신의 인생 전시물로 삼겠다는 생각은 하지 않는다. 아이들의 인생과 부모의 인생을 분리한다. 그래서 자녀를 위해 전적으로 희생하는 것을 좋은 것으로 여기지 않는다.

엄마와 아빠는 부모이기 전에 부부여야 한다

부모에게 자녀가 중요하지 않은 사람은 누가 있겠는가? 프랑스 부모들도 자녀를 사랑하는 것은 우리와 크게 다르지 않다. 단 프랑스 부모들은 자녀와의 관계보다 부부의 관계를 우선으로 생각한다. 프랑스 부모들은 자녀는 언제가

떠날 존재이지만, 부부는 평생 함께할 관계이니 부부를
먼저 챙기는 것이 당연하고 말한다. 캐서린 크로퍼드가 쓴
《프랑스 아이들은 왜 말대꾸를 하지 않는가?》에 의하면
프랑스 친구가 첫아이를 출산 뒤에 특별한 조언을 들었다고
말한다. "아기에게 무턱대고 주기만 해서는 안 된다. 특히
당신의 가슴은 남편의 몫임을 기억하라."[*] 프랑스 엄마들은
아이의 웃음에 넘어가 자신을 희생하는 순간, 부부 관계는
물론이고 몸매와 나아가 결혼생활까지 망가질 수 있다고
경고하고 있다.

프랑스 부부들은 저녁 8시가 지나면 자신들만의 시간을
가진다. 와인을 마시며 대화를 나누며 그들만의 분위기를
만든다. 부부의 시간이 시작되면, 자녀들은 부모의 방에
함부로 들어오지 못한다. 부부의 침실은 부부만의 것으로
처음부터 아이들이 올라오지 못하도록 엄격하게 제한한다.
프랑스 부모들은 자녀들 앞에서도 스킨십을 하거나 애정
표현하는 것을 주저하지 않는다. 애정 표현은 부부로서

---

[*] 캐서린 크로퍼드, 《프랑스 아이들은 왜 말대꾸를 하지 않는가?》, 아름다운 사람들,
2013, P100.

당연한 것이며, 자녀들에 의해 방해받지 않을 권리가 있다고 말한다. 프랑스 부모들은 아이를 조부모나 베이비시터에게 맡기고 저녁 외식을 즐긴다. 자녀를 돌보아야 하기에, 아이들이 어느 정도 크기 전까지는 부부 여행을 떠나는 것이 어렵다는 말은 이상하게 들린다. 부부는 엄마, 아빠이기 이전에 남편과 아내이며, 이 관계는 평생 가는 것이라고 믿기 때문에 부부를 위한 시간은 아이를 위한 시간보다 더 확고하게 지키려고 한다.

프랑스 정부는 부부관계와 가정의 안정을 위한 정책을 적극적으로 펼친다

프랑스 부부는 자기 나라에서 아이를 낳거나 키우는 것을 두려워하지 않는다. 국가가 아이를 키우는데 든든하게 뒷받침해 주고 있기 때문이다. 국가가 앞장서서 부부가 건강한 가정을 이룰 수 있도록 적극적으로 돕고 있다. 프랑스의 출산율을 올리는데 크게 기여한 '가족수당기금CAF'은 모든 부모에게 성년이 될 때까지 아동수당을 매월 148유로(약

22만 원)를 지급한다. 이는 자녀 수가 많을수록, 아이가 성년에 가까워질수록 수당이 증가한다.[*] 가족수당기금은 부모가 직업 활동과 가정생활이 조화롭게 유지할 수 있도록 도우미 지원금을 제공한다. 맞벌이 가정이 퇴근 후 쌓인 집안일로 인하여 부부 갈등이 생길 수 있다. 이를 예방하기 위해 국가는 청소, 식사 준비, 세탁 등을 도와주는 도우미를 고용할 수 있도록 돕는다.

프랑스에서는 출산 후 부부가 다시 건강한 관계를 유지할 수 있도록 '산후 재활 프로그램'을 운영한다. 전문 물리치료사나 조산사가 방문하여 산모의 골반저근과 복부 근육 회복 운동과 함께 요실금 예방, 성생활 개선, 자세 교정 등을 지도한다, 상담 전문가를 통하여 산모는 출산 후 겪을 수 있는 감정적 변화를 이해하고 대처하는 데 도움을 받으며, 성관계에 어려움을 겪는 부부를 상담하고 치료한다. 프랑스 정부의 이러한 섬세한 정책은 산모의 신체적 회복과 정신적 안정을 돕고, 부부관계의 회복과 가정의 안정을 도모하는 데 큰 힘이 된다.

---

[*] 모든 부모에게 아동수당… '국가가 양육' 신뢰, 세계일보, 2024. 11. 18.

아이는 굳건한 부부 관계를 보며 안정감을 가진다

부부 관계의 든든함은 자녀의 정서적 안정감과 자존감 형성에 결정적인 영향을 준다. 부모가 서로를 신뢰하고 존중하며 애정을 표현하는 모습을 보일 때, 아이는 가정이 안전한 공간이란 확신을 갖고 안정감 있는 사람으로 자란다. 부모가 서로 따뜻한 대화를 나누고 서로 웃는 모습을 자주 보이는 가정에서 자란 아이는 다른 사람에 대한 신뢰도가 높다. 그래서 친구들과 협력을 잘하고, 선생님이나 동료들과도 원만하고 건강한 관계를 갖는다.

부모가 서로 존중하는 모습을 보고 자란 아이는 '나는 사랑받을 가치가 있는 존재구나' 생각하며, 자신에 대한 자존감이 높다. 이는 어려움을 겪어도 쉽게 무너지지 않는 내면의 힘을 길러준다. 스트레스를 받을 수 있는 상황에서도 자기감정에 파묻히지 않고 스스로를 절제하는 힘을 발휘한다. 그래서 안정적인 가정에서 자란 아이가 학업 스트레스를 잘 조절하며, 학업 성취도가 높게 나타난다. 부모의 사랑이 단단할수록 자신을 긍정적으로 바라보고,

세상과 건강한 관계를 맺으며, 미래에 대해 행복한 기대감으
로 자랄 수 있다.

부모가 행복할 때, 자녀도 행복함을 느낀다

가정은 부부와 자녀가 함께 살아가는 공동체다. 프랑스
부모들은 부부관계를 최우선으로 두면서도 자녀에게
충분한 애정을 주고, 국가 역시 이를 위한 정책적 지원을
아끼지 않는다. 반면, 우리나라의 많은 부모는 자녀를 위해
최선을 다하기 위해 자기희생도 마다하지 않는다. 언제나
자녀가 1순위이고 자신과 배우자를 위한 삶은 뒤로 미룬다.
건강한 가정이 오래 유지되기 위해서는 균형이 필요하다.
자신을 위한 삶, 부부를 위한 삶, 그리고 자녀를 위한 삶,
트라이앵글의 균형이 중요하다. 즉, 각각 3분의 1씩 채우는
조화로운 삶이 바람직하다. 자기계발과 내면을 다지는
자신의 시간을 가져야 하고, 부부가 서로 대화하고 사랑하며,
존중하는 삶을 중시해야 한다. 그리고 자녀를 독립적 존재로
인식하고 건강하게 자랄 수 있도록 공동의 노력과 책임을

기울여야 한다. 아이들은 부모의 희생을 먹고 자라는 것이
아니라 부부의 사랑이 만들어낸 양분을 먹고 건강하게
자란다. 부모가 행복할 때, 자녀도 행복함을 느낀다는 것을
기억하자.

7장

당신은 그럭저럭 괜찮은 엄마면 충분하다

"엄마가 되는 순간, 나는 사라졌다."

한국 사회에서 엄마는 단순히 '부모'가 아니다. '좋은 엄마'로서 아이의 식사뿐만 아니라 학습, 친구 관계, 운동, 정서 발달까지 세밀하게 신경 써야 한다. 아이를 잘 키우는 것은 엄마의 능력과 직결된다는 압박을 받는다. 이 과정에서 엄마는 자연스럽게 자신의 삶을 포기한다. 자신의 커리어, 취미, 좋아하는 것을 뒤로한 채 '엄마'로서의 역할에 집중하려 한다. 프랑스에서는 엄마라 할지라도 자신의 삶이 우선이다. 엄마도 한 사람의 독립적인 존재로서 자기가 좋아하는 일을 하고 누릴 권리가 있다. 그들은 아이를 위한 완벽한 엄마가 아니라 '그럭저럭 괜찮은 엄마'면 된다고 여긴다. 이런 프랑스 엄마들은 미국의 엄마보다 육아에 대한 만족도가 2배 이상 높다. 우리나라는 OECD 회원국 중에서 육아에 대한 만족도가 가장 낮다.

프랑스 엄마는 아이의 실패를 속상해하지 않는다

우리나라 엄마들은 완벽한 엄마를 꿈꾼다. 그런데 완벽한 엄마가 되려는 노력은 오히려 아이에게 독이 될 수 있다. 영국의 정신분석학자 도널드 위니콧Donald Winnicott은 엄마가 완벽할 필요 없다고 말한다. 아이가 성장하면서 점진적으로 작은 좌절을 경험하도록 하는 것이 오히려 건강한 발달을 돕기 때문이다. '그럭저럭 좋은 엄마Good Enough Mother'가 도리어 충분히 좋은 엄마다. 프랑스 엄마는 모든 걸 해결해 주려 하지 않는다. 적당한 거리에서 지켜보며 필요한 만큼만 개입한다. 지나친 개입과 간섭은 도리어 아이의 건강한 성장을 방해한다고 생각하기 때문이다.

프랑스에서는 이러한 철학이 육아 문화에 자연스럽게 녹아 있다. 프랑스 엄마들은 '나는 그럭저럭 괜찮은 엄마면 충분해.' 하는 태도를 가진다. 프랑스에서는 아이가 그릇을 떨어뜨려 깨뜨려도 부모가 즉시 개입하지 않는다. 아이가 스스로 문제를 해결하도록 기다린다. 아이가 스스로 해결하는 과정에서 여러 번 실패하더라도 괜찮다. 도리어 적당한 실패의 경험이 아이의 성장 과정에서 반드시 필요하다고 말한다. 이런 과정을 통해 아이는 자연스럽게 스스로 문제를 해결하는 능력을 익힌다.

한국 엄마들은 '완벽한 엄마 증후군'에 시달린다

한국 사회에서는 '완벽한 엄마'가 이상적인 엄마로 여겨진다. 엄마가 아이의 모든 일에 적극적으로 개입해야 하며, 조금이라도 부족하면 '좋은 엄마'로 인정받지 못한다는 압박이 크다. 많은 한국 엄마들은 아이가 학교에서 필요한 준비물을 직접 챙기는 것이 미덥지 못하다. 그래서 미리 다 준비해 준다. 아이가 실수하면 부모가 해결해 준다.

아이가 좌절하는 것은 아이의 마음과 미래의 계획에 상처를 남긴다고 생각한다. 그래서 아이가 좌절할 수 있는 상황이나 일들이 없도록 엄마는 몇 걸음 앞서간다. 결과적으로, 아이들은 자기주도적으로 문제를 해결하는 능력이 떨어지고 부모를 의지하는 나약한 사람으로 자랄 수밖에 없다.

우리나라의 엄마들은 '완벽한 엄마 강박증'이 있다. 모성애는 아이를 위한 희생과 헌신을 뜻하는 말이고, 육아의 책임이 거의 엄마에게 집중된다. 이런 사회 풍토에 맞춰 SNS와 육아 커뮤니티에서는 '이것도 해줘야 한다.', '저것도 부족하다.' 하는 정보가 넘쳐난다. 엄마들은 끊임없이 좋은 엄마가 되기 위해 요구 조건들을 살펴보며 잘하고 있는지 자기 점검을 한다. 더구나 입시 경쟁이 치열한 우리 사회에서는 엄마의 역할은 일반적 엄마로서 끝나지 않는다. 아이의 성공을 위한 팔방미인이 되어야 한다. 아이의 최측근으로서 필요한 모든 것을 충분히 제공하는 지원자가 되어야 한다.

이런 강박증에 들어서면 점점 피로가 쌓이고 아이와 보내는 시간은 즐겁지 않다. 아이가 책을 읽어달라고 하면 짜증이 먼저 난다. 자신의 작은 실수에도 죄책감을 느낀다. 주변에서 "그래도 엄마가 더 신경 써야지"라는 말을 들으면, 자신이 부족한 엄마라는 생각이 들어 우울감이 심해진다. 이는 한국 엄마들이 겪는 대표적인 심리적 압박이다. 이것이 더욱 심해지면 결국 번아웃과 육아 스트레스로 이어진다. 이러한 강박에서 벗어나려면, 프랑스 엄마들처럼 완벽함을 내려놓고, '그럭저럭 괜찮은 엄마도 충분하다'라는 사고방식을 받아들이는 것이 필요하다.

독립적 존재로 자유롭게 사는 것은 자신의 권리다

프랑스 엄마들은 자신을 아이의 보조자가 아니라 독립적인 개인으로 여긴다. 이들은 엄마로서의 역할이 중요하지만, 그것이 자기 자신을 희생해야 한다는 것과 연관시키지 않는다. 아기가 태어났다고 해서 엄마로만 살아야 하는 것은 아니다. 엄마가 되어서도 여전히 자기 자신으로도 살아야 한다고 생각한다. 프랑스 엄마들에게 자유는 선택이 아니라 기본적인 권리다. 이런 생각은 자기의 정체성을 확고히 함으로 아이를 돌보는데 유연성과 탄력을 주어 육아 만족도를 높인다.

프랑스 엄마들은 모유 수유에 대한 접근 방식이 우리와 다르다. 프랑스 엄마들도 모유가 아이에게 좋다는 사실을 안다. 하지만 자신의 삶을 위하여 아이가 출생한 지 4개월이 지나면 수유 간격을 4시간으로 조절한다. 한국이나 미국에서는 모유 수유가 아이에게 좋기 때문에 가능한 길게 지속하려 한다. 반면, 프랑스에서는 엄마가 아이에게 완전히 묶이지 않고, 신체 회복과 생활 리듬을 되찾을 수 있도록 과감하게 수유 시간을 조절한다. 프랑스 여성들은 출산 후에도 사회 활동을 재개하는 것이 중요하다고 생각한다. 그래서 몸매 관리와 함께 자기 관리에 적극적이다. 이는 엄마라고 희생을 강요하는 것이 아니라 자신의 삶을 유지할 권리가 있다는 철학의 반영이다. 따라서 출산 후에도 빠르게 개인적인 리듬을 회복하고 자신의 생활을 되찾기 위해 노력한다.

프랑스 여성들은 육아와 일을 분리하는 것 또한 당연한

권리로 여긴다. 프랑스 사회에서 엄마의 직업은 단순히 경제적 필요 때문이 아니다. 한 개인으로서 성장하고 사회에 기여하며 살아가는 삶의 중요한 가치로 여긴다. 한국에서는 출산과 동시에 엄마가 육아에 전념하는 것이 이상적인 엄마의 모습으로 받아들인다. 반면, 프랑스에서는 출산 후에도 직장 복귀를 당연하게 여긴다. 이를 위해 프랑스 정부는 보육 시설을 적극적으로 지원하고 있다. 직장 내에서도 출산 후 복귀가 원활하도록 제도적인 장치가 잘 마련되어 있다. 예를 들어, 프랑스 여성들은 출산 후 평균 3~6개월 내에 직장으로 복귀하고 싶어 한다. 이 과정에서 사회적 압박이나 비난을 받지 않는다. 오히려 프랑스 사회는 엄마들이 직장으로 돌아가 일할 때 아이에게 더 좋은 영향을 미칠 수 있다고 믿는다. 아이가 엄마를 통해 독립적인 태도를 배우고, 엄마 또한 일과 육아의 균형을 맞추면서 심리적으로 안정될 수 있기 때문이다.

'그럭저럭 괜찮은 엄마'로서 자신의 삶을 만족하는 엄마가 되는 것이 더 좋은 육아 방식이다

프랑스 엄마들이 독립적인 이유를 이기적이며 개인적인 삶을 중시하기 때문이라 볼 수 없다. 그들은 "엄마가 행복해야 아이도 행복하다"라는 확신을 가지고 있다. 아이에게 헌신하는 것도 중요하지만, 자신을 먼저 돌보지 않으면 육아도 제대로 할 수 없다고 말한다. 우리 사회는 엄마들에게 자녀교육도 남보다 뛰어나게, 가정도 완벽하기를 기대한다. 게다가 직장 일도 성공적으로 해내는 '초 울트라 수퍼우먼'을 요구한다. 그러나 현실적으로 이것은 하늘의 별 따기보다 어렵다.

또한 그들은 모든 것을 잘하려 하지 않는다. 일의 우선순위를 정하고 삶의 균형을 찾는 것이 더 현명한 것이라고 생각한다. 엄마가 삶의 균형을 유지하면 아이도 안정감을 느낀다. 반면, 엄마가 자신을 돌보지 않으면, 아이에게 자주 짜증을 내고 나아가 육아 번아웃으로 이어진다. 이로 인해 가정의 행복마저 위협받는다. 그러니 아이가 행복한 것도 중요하지만, 엄마도 자신의 삶을 잃지 않고 건강하게 유지하는 것이 중요하다. 이것은 자녀와 자신과 가정을 위한 바른 선택이자 최선책이다. 빈틈없는 완벽한 엄마가 되기보다, '그럭저럭 괜찮은 엄마'로서, 자신의 삶을 만족하는 행복한 엄마가 되는 것이 더 좋은 육아 방식이다.

8장

아빠와 엄마는 한 팀이지만 역할은 다르다

아이가 건강하기 자라기 위해서는 먹을 것과 온기, 말과 사랑이 필요하다.[*] 이것은 부모 양쪽 모두의 친밀한 관계를 통해서 공급받는다. 우리 사회에서는 자녀를 양육하고 교육하는 것이 엄마에게 집중되는 경우가 많다. 흔히 엄마는 아이의 모든 성장을 책임지는 1차적 의무자이고, 아빠는 경제적 지원자로만 머무는 경우가 많다. 그래서 아이가 태어나면 엄마가 직장을 포기하거나 육아휴직을 내는 것이 일반적이다. 학령기에 들어서면 학부모 상담, 숙제 점검,

* 안느 바커스, 《프랑스 육아의 비밀》, 예문아카이브, 2018, p123.

학원 스케줄 조정, 친구 관계까지도 엄마가 관리한다. 아빠는 아이가 자랄수록 점점 거리감을 느끼고, 가정 내에서 교육적 영향력은 줄어든다.

자녀교육은 어느 한 사람의 희생으로 이루어질 수 없다. 부모가 한 팀이 되어 아이를 양육할 때 아이는 안정감을 느끼며 자란다. 한 팀으로서 협력은 아이가 정서적, 신체적, 심리적으로 균형 있게 자랄 수 있는 환경을 만들며, 이런 환경에서 아이는 다양한 관점을 배울 수 있어 장차 건강한 인간관계를 형성하는 기반이 된다. 부모가 두 손을 잡고 함께 고민하고 협력할 때 비로소 진정한 의미의 '좋은 양육'이 이루어진다는 것이다.

부모가 한 팀일 때 안정된 학습을 한다

미국의 심리학자 유리 브론펜브레너Urie Bronfenbrenner는 부모가 일관된 교육 방침을 유지할수록 아이의 학습 동기는 강해지고 성취도도 높아진다고 강조했다. 프랑스 부모들은 교육에 대한 공통된 원칙을 가지고 아이를 지도하는 경우가 많다. 예를 들어, 프랑스 가정에서 '숙제는 스스로 해결해야 한다'라는 원칙은 부모의 공통된 의견이다. 아빠와 엄마의 이런 일관성 있는 태도 때문에 아이는 숙제를 스스로 해결하는 것이 당연하게 생각하고 행동한다.

부모가 아이 학습을 돌볼 때는 한 부모에게 쏠리지 않도록 서로 알맞게 나눈다. 이는 자녀의 학습지도로 인한 스트레스와 갈등을 줄여주는 효과가 있다. 이렇듯, 부모가 한 팀이 되어 서로 상의하여 학습을 지도할 때, 아이는 자기주도학습 능력을 기를 뿐만 아니라 학업에 대한 긍정적인 태도를 형성한다. 반면, 부모가 한 팀이 되지 못하면 아이는 교육적 혼란을 겪는다. 한국에서는 엄마가 아이의 학습을 전담하는 경우가 많다. 엄마는 자녀교육에 대한 부담과 책임으로 인해 스트레스를 많이 받을 수밖에 없다. 이것이 가정불화의 원인이 되기도 한다.

부모의 교육적 태도도 서로 다를 경우가 많다. 엄마가 "숙제 끝날 때까지 게임 하면 안 돼!"라고 규칙에 따라 엄격하게 말하면, 아빠는 "한 판만 하고 해도 되잖아"라고 한다. 그 순간 아이는 누구의 말을 따라야 할지 혼란스럽다. 그러다 자기에게 유리한 쪽으로 해석하고 선택한다. 책임은 자기에게 유리하게 말한 사람에게 떠넘긴다. 이는 단순히 게임의 문제가 아니다. 아이는 규칙을 지키는 태도를 배우지 못하고 책임도 회피하는 결과를 가져온다.

아빠가 학습에 관심을 보이지 않고 엄마가 전담하면, 아이는 '공부는 엄마의 일'이라고 생각한다. 그래서 아빠와의 유대감을 학습 외적인 영역에서만 형성한다. 이러한 과정이 반복되면 아이는 학습이 그렇게 중요하다고 생각하지 않는다. 부모가 협력하지 않는 가정에서는 학습의 중요성을 깨닫기 쉽지 않아 기대하는 학업 성취를 얻기가 힘들다. 좋은 학습을 만드는 것은 비싼 학원에 보내는 것이 아니라 부모가 함께 아이의 학습 발달을 살피고 의논하며 협력하는 것이다. 그러면 아이는 어릴 때부터 학습 동기는 강화되고 공부의 중요성을 깨닫게 된다.

부모가 한 팀이 되는 건, 아이의 정서적 안정과
사회적 발달을 위한 필수 요소다

부모가 협력하여 아이를 양육하면 가정 내 갈등이 줄어들고 화목해져 자녀가 심리적 안정을 느낀다. 미국의 정신과 의사이자 심리학자인 머레이 보웬Murray Bowen의 가족 체계 이론에 의하면, 가족은 하나의 정서적 공감대를 형성하고 있다. 그래서 부부의 관계, 부모와 자녀의 관계는 개인의 정서적 건강에 지대한 영향을 미친다고 말한다. 부모가 서로 협력적이고 일관된 모습을 보이면 아이는 안정된 정서를 가질 수 있다. 이는 아이의 긍정적인 자존감을 만들고 타인에 대한 신뢰감을 높이며, 스트레스 상황에도 쉽게 좌절하지 않고 적절하게 대처하는 것을 볼 수 있다. 부모가 협력하여 양육하면 아이는 높은 심리적 회복탄력성*을 갖는다는 것이다.

---

* 심리적 회복탄력성(Resilience)은 스트레스, 역경, 트라우마와 같은 어려운 상황에서도 긍정적으로 적응하고 회복하는 능력을 말한다. 회복탄력성이 높은 아이는 실패 좌절에도 쉽게 무너지지 않고, 도전의식이 강하고, 문제해결능력이 뛰어나다.

반면, 부모가 자녀교육을 합력하지 못하면 어떻게 될까? 아이는 자신의 감정 조절이 어려워지며, 자신감을 갖지 못하고 지나치게 의존적인 모습을 보인다. 특히 부부가 자녀 문제로 갈등을 일으킨 후, 아이를 중재자로 삼아 불만을 털어놓으면 안 된다. 그렇게 하면 아이는 가정의 모든 불화가 자신 때문이라고 생각한다. 아이는 죄책감을 느끼고 정서적인 불안감을 보인다. 나아가 자라면서 사회생활에 자신감을 가지지 못하며, 자신의 가정에서도 이와 비슷한 모습을 보일 가능성이 높다. 부모가 함께 자녀교육에 참여하는 것은 단순히 일을 수월하게 하기 위한 역할 분담의 차원이 아니다. 아이의 학습 능력 신장과 정서적, 심리적 안정을 위한 필수 요소이다.

엄마 아빠는 한 팀이지만 서로 다르다

아기는 태어나자마자 엄마를 알고 3개월이 지나면 엄마와 아빠를 구분할 수 있다. 갓 태어난 아기에게 엄마는 가장 중요한 존재다. 가장 먼저 젖을 주고, 품어주고, 기저귀를

갈고, 돌보아주는 사람은 엄마이기 때문에 아기는 엄마를 가장 먼저 알아보고 사랑을 표현한다. 엄마 또한 아기가 보내는 신호를 가장 잘 파악하고 그에 맞춰 대응한다. 아기가 6개월쯤 되면 아빠에게 반응을 보인다. 그 반응은 엄마에게 보내는 것과 다르다. 좀더 활기차고 적극적인 반응을 보인다. 아기는 엄마와 아빠를 통해 기대하고 받아들이는 것이 다르기 때문이다. 그래서 부모는 한 팀을 이루지만 서로 다른 모습으로 자극을 준다.

아이와 노는 방식도 다르다. 엄마는 주로 안정적이고 세심한 놀이를 하는 반면, 아빠는 신체 활동이 많고 도전적인 놀이를 즐긴다. 이는 아이의 성장에 각기 다른 긍정적 영향을 미친다. 엄마가 4살 난 아이와 인형놀이를 하면, "아기 인형이 배고프대, 어떻게 해 줄까?"라고 묻는다. 이를 통해 아기는 자기감정을 이해하고 표현하는 법을 배운다. 아빠와 놀 때는 다르다. 아빠는 "적군이 공격해 온다! 방어하라!" 하며 쿠션을 가져와서 요새를 만든다. 또한 아이를 번쩍 들어 올리기도 한다. 엄마 놀이는 공감과 소통을 길러주고, 아빠와 함께 하는 놀이는 균형 감각을 키우고 신체를 움직이는 것을 배운다. 아빠와 신체적 놀이를 많이 한 아이들은 운동능력과 사회성이 높아지며, 엄마와 감정 중심의 놀이를 한 아이들은 타인의 감정을 이해하고 대화하는 능력이 발달한다. 아이에게 가장 행복하고 즐거운 놀이는 비싼 장난감 가지고 노는 것이 아니라 엄마 아빠와 함께 놀며 보내는 것이다.

아이를 돌보는 방식도 차이가 있다. 엄마는 세심하게 관찰하고 자녀에게 공감하면서 보살피지만, 아빠는 아이가 독립심을 키우고 도전할 기회를 주려 한다. 아이가 자전거를 타다가 넘어지면, 엄마는 곧장 달려가 아이를 안아주며 "어디 다친 데 없어? 많이 아파?" 하고 걱정하며 위로한다. 아이가 울면 눈물을 닦아주며 아이의 감정을 조절할 수 있도록 돕는다. 반면, 아빠는 아이가 넘어졌을 때 "괜찮아, 괜찮아! 다시 해 보자!"라고 말하며 아이 스스로 일어나도록 한다. 넘어지는 것도 배움의 과정이라고 가르친다. 엄마의 돌봄은 아이에게 안정감과 정서적 안정을 제공하는가 하면 아빠의 돌봄은 아이에게 스스로 문제를 해결하게 하고 새로운 일에 도전할 수 있는 힘을 길러준다. 아이가 정서적으로 안정되면서도 도전을 두려워하지 않는 사람이 되려면,

엄마의 따뜻한 보살핌과 아빠의 격려가 함께 필요하다.

가르치는 방식 또한 다르다. 엄마는 설명과 공감을 중심으로 가르친다. 아빠는 경험과 도전을 통해 스스로 배우도록 한다. 이러한 차이는 아이의 균형 잡힌 사고력 발달에 중요한 역할을 한다. 아이가 신발 끈을 묶을 때, 엄마는 "이렇게 한 번 묶고, 그다음엔 리본을 만들면 돼." 하며 차근차근 설명해 준다. 그래도 아이가 어려워하면 손을 잡고 도와준다. 아빠는 그렇지 않다. "네가 한번 해봐! 틀려도 괜찮아"라며 아이가 직접 시도하게 하면서 시행착오는 익히는 한 과정일 뿐이라고 말한다. 즉, 엄마는 언어적 설명과 감정을 활용하여 안정감의 토대 위에서 아이의 이해력을 돕지만 아빠는 경험하는 것을 좋아하고 실패에도 두려워하지 않는 회복탄력성을 키워준다.

아이가 위험한 상황에 처했을 때에 대처하는 방식도 엄마와 아빠는 다르다. 엄마는 위험을 미리 막고 아이를 보호하려는 경향이 강하다. 그래서 아이에게 위해한 것을 미리 제거하려 하는 반면, 아빠는 아이가 작은 위험을 경험하며 배우는 것은 강렬한 인상을 남긴다고 말한다. 아이가 높은 미끄럼틀을 타려고 할 때, 엄마는 "조심해! 거기는 너무 높아, 그보다 낮은 걸 타는 게 어때?" 하며 위험을 방지하려 한다. 아빠는 "할 수 있어! 한번 올라가 보자"라며 어느 정도 위험을 감수하더라도 아이가 도전해 보도록 격려한다. 즉, 엄마의 방식은 아이가 다치지 않도록 보호하지만, 아빠의 방식은 아이가 두려움을 극복하고 도전할 수 있도록 돕는다. 더 길게 말하면, 엄마의 보호적인 태도는 아이가 안전한 환경에서 성장하도록 하면서 안전의식을 가지게 하고, 아빠의 도전적인 태도는 두려움을 극복할 수 있는 진취적인 힘을 길러주고 아이가 독립적으로 문제를 해결하는 능력을 키우는 데 도움을 준다.

아이가 갈등을 겪을 때 해결하는 방식은 어떤가? 이때에도 엄마 아빠는 차이를 보인다. 아이가 친구와 다투고 울면서 돌아왔을 때, 엄마는 "얼마나 속상했니. 친구가 왜 그렇게 말했을까?" 하며 아이가 자신의 감정을 표현하도록 돕는다. 이렇게 엄마는 아이가 충분히 공감받았다고 느끼도록 하면서 관계를 원만하게 회복하는 법을 가르친다. 반면,

아빠는 "왜 싸우게 됐어? 다음에는 어떻게 하면 다투지 않나 생각해 봐?"라고 말하며 감정보다는 원인과 해결 방법에 초점을 맞춘다. 아이가 스스로 문제를 해결할 수 있도록 돕는 것이다. 엄마는 감정을 존중하며 관계를 회복하는 데 초점을 맞추고, 아빠는 논리적으로 원인을 분석하고 문제를 해결하는 데 초점을 맞춘다. 엄마와의 대화를 통해 감정 조절 능력을 키운 아이는 대인 관계에서 공감능력이 뛰어나고, 아빠의 논리적 접근 방식을 배운 아이는 갈등 상황에서 침착하게 해결책을 찾는 능력이 향상된다.

엄마와 아빠가 서로의 역할을 인정하고 조화를 이루라

부모는 아이를 키우는 하나의 팀이지만, 엄마와 아빠의 역할과 방식은 다르다. 엄마는 세심한 보살핌과 감정적인 교감을 중심으로, 아빠는 도전과 독립심을 키우는 방식으로 아이를 길러낸다. 이 차이는 충돌을 의미하는 것이 아니라, 오히려 아이의 성장에 필수적인 요소다. 엄마는 안전하고 따뜻한 환경을 만들어주며, 아빠는 세상과 부딪히며 배울 기회를 제공한다. 놀이에서도 엄마는 감정을 읽고 소통하는 방식을 강조하는 반면, 아빠는 신체 활동과 경쟁을 통해 문제해결능력을 키운다. 아이를 돌볼 때도 엄마는 보호적인 태도를 보이고, 아빠는 작은 위험을 허용하며 독립성을 길러준다. 교육과 갈등 해결 방식에서도 엄마는 공감과 설명을 중심으로 접근하고, 아빠는 논리와 실전 경험을 통해 아이가 스스로 해결하도록 돕는다.

이처럼 엄마와 아빠의 차이는 아이가 균형 잡힌 성장을 할 수 있도록 돕는 중요한 요소다. 엄마의 보살핌과 아빠의 도전 정신이 조화를 이룰 때, 아이는 정서적으로 안정되면서도 독립적이고 사회적인 기술을 갖춘 사람으로 성장할 수 있다. 부모가 같은 방식으로 아이를 키워야 한다는 부담을 가질 필요는 없다. 중요한 것은 엄마와 아빠가 서로의 역할을 인정하고 조화를 이루는 것이다. 그렇게 할 때, 아이는 사랑과 도전을 동시에 경험하며 건강한 성인으로 성장할 수 있다.

9장

부모는 아이가 어릴 때 올바른 애착 관계를 만들어야 한다

다른 나라에 살 때 외국인들은 아내가 아이를 업는 것을 매우 신기해했다. 아기를 두 손으로 들더니만 순식간에 휙 돌려 자기 등에 업는 모습은, 그들의 눈에 가히 예술적이었다. 천으로 만든 포대기로 두 사람이 하나가 되게끔 묶자 사진을 찍어도 되겠느냐고 묻고는 연신 셔터를 눌렀다. 우리나라의 포대기는 단순한 육아 도구가 아니다. 아이와 엄마가 밀착하여 서로 교감을 한다. 포대기에 싸인 아이는 엄마의 체온과 심장 박동을 느끼며 안정감을 얻는다. 이를 통해 아이는 부모와 강한 애착 관계를 형성한다.

아이는 생존을 위해 애착 관계를 만든다

아이가 태어나 가장 먼저 찾는 것은 부모의 품이다. 아이는 단순히 배고픔을 달리기 위해서가 아니다. 본능적으로 자신을 보호해 줄 존재를 찾는다. 이것은 생존과 직결된 문제다. 정신분석학자 존 볼비John Bowlby는 아이는 생존을 위해 본능적으로 보호자를 찾는다고 했다. 이때 나타나는 양육자, 곧 엄마와 아빠의 반응에 따라 애착 유형이 결정된다고 설명했다. 애착은 아이가 부모를 통해 만들어진 따뜻한 관계를 말한다. 이는 향후 아이의 정서적 안정과 사회성 발달에 깊은 영향을 미치는데, 부모가 아이에게 얼마나 밀접하고 안정적인 사랑을 주느냐에 따라 아이는 '안전한가?' 아니면 '불안전한가?'를 느낀다.

아이는 태어나면서 애착 관계를 본능적으로 형성하려고 한다. 아기의 울음, 미소, 눈맞춤, 뒤따라가기, 매달리기 등은 부모의 돌봄을 끌어내기 위한 아이의 필살기이다. 예를 들어, 생후 2개월 된 아기가 배가 고플 때 울면, 부모는 이를 알아차리고 안아서 수유를 하며 아이의 요구에 반응한다.

이러한 반복적인 경험을 통해 아이는 '내가 신호를 보내면 부모가 반응해 줄 거야'라는 신뢰를 형성하며 안정적인 애착을 갖게 된다. 반면, 부모가 일관되지 않거나 반응하지 않으면, 아이는 '내가 필요하다고 표현해도 엄마 아빠는 반응하지 않을 수도 있어'라고 받아들인다. 이런 경우 아이는 불안정한 애착이 형성될 가능성이 높다.

애착 관계는 아기가 태어나면서 본능적으로 만들어진다. 하지만 집중적으로 형성되는 시기는 생후 6개월에서 2년 사이다. 이 시기 동안 아기는 부모의 반응을 보며 '이 사람이 나를 지켜줄 수 있는지'를 가름한다. 만약 부모가 아이의 요구에 민감하게 반응하고 일관된 돌봄을 제공하면, 아이는 '내가 힘들 때 엄마, 아빠가 도와줄 거야'라는 신뢰를 가지고 안정적인 애착을 가진다. 반면, 부모가 일관되지 않거나 무관심한 태도를 보이면 아이는 불안감을 느낀다. 그러면 부모와 애착이 불안정하게 형성될 가능성이 높다. 안정 애착을 형성한 아이는 일차적으로 부모를 신뢰한다. 또래와의 관계에서도 자신감을 가지며 세상을 적극적으로 알아가는 데 주저하지 않는다. 반면, 불안정 애착을 형성한 아이는 부모와의 관계에서 불안을 느껴 자신의 감정을 숨기려 한다.

애착 관계는 일관된 보살핌, 민감한 반응, 안정적인 환경이 핵심적인 요소다

애착 관계를 위해서는 일관된 보살핌, 민감한 반응, 그리고 안정적인 환경이 중요하다. 아이가 필요한 것을 요구하는데도 부모가 자기의 상황에 따라 다르게 반응하면, 아이는 '부모가 나를 언제 도와줄지 모르겠어'라고 느끼며 실망한다. 이렇듯 일관된 보살핌이 매우 중요하다. 부모가 아이의 신호를 빠르게 읽고 민감하게 반응하는 것도 필수적이다. 아이가 불안하여 울 때, 부모가 빠르게 반응하여 아이를 안아주면, 아이는 '나의 필요가 존중받고 있구나'라고 느낀다. 이를 통해 아이는 자신의 존재에 대한 정체성을 만들어 간다. 적절하게 대처하는 방법은 문화에 따라 다를 수 있다. 한국 부모들은 아이들의 필요에 즉각적으로 반응하여 정서적 안정감을 주려는 반면, 프랑스 부모들은 아이가 필요를 요구하더라도 스스로 감정을 조절하는 법을 배우도록 어느 정도 기다린다.

자녀와의 강한 애착 관계는 신뢰와 애정, 그리고 상호 존중이 기반이 된다.[*] 부모가 자신의 편이라는 확신을 갖게 되면, 부모가 단순히 기분에 따라 자신을 통제하거나 억압하지 않는다는 것을 이해한다. 부모가 자신의 요구를 받아주지 않을 때라도 그것이 단순한 감정적 반응이 아니라 옳고 그름을 기준으로 한 결정임을 받아들인다. 따라서 거절을 할지라도 아이는 무조건 부정적으로 받아들이지 않는다. 부모는 항상 '돕는 존재'라고 신뢰를 하면, 아이는 부모에게 자신의 고민을 주저 없이 이야기할 수 있다. 결국, 애착은 아이가 스스로를 지탱하고 성장할 수 있는 내면의 힘이 된다.

좋은 애착 관계를 만드는 방법

• 예측 가능한 반응을 보여라, 신뢰 형성의 첫걸음이다.

---

[*] 안느 바커스, 《프랑스 엄마 수업》, 북로그컴퍼니, 2018, p30.

아이가 부모를 신뢰하려면 부모의 반응이 일관적이고 예측 가능해야 한다. 부모가 감정에 따라 다르게 행동하면 아이는 혼란을 느끼고 불안정한 애착을 형성할 수 있다. 프랑스 엄마 소피는 8개월 된 딸이 밤에 울면 일정한 루틴을 따른다. 부드럽게 등을 토닥이며 "괜찮아, 엄마 여기 있어"라고 속삭인다. 아이가 크게 울지 않으면 바로 안아주지는 않지만, 같은 방식으로 아이를 안심시키며 재울 준비를 한다. 이렇게 일관된 반응을 하면 아이는 "부모가 늘 내 곁에 있어"라는 확신을 갖는다. 반대로, 부모가 어떤 날은 안아주고, 어떤 날은 무시하거나 화를 내면, 아이는 부모의 반응을 예측할 수 없어 불안해진다. 애착 관계는 일관된 신뢰 속에서 깊어지는 법이다.

• 따뜻한 스킨십과 애정 표현을 아끼지 마라.

애착 관계는 신체적 접촉과 감정적 교류를 통해 강화된다. 부모가 자주 안아주고, 쓰다듬고, 눈을 마주치며 다정한 목소리로 말할 때, 아이는 '나는 사랑받는 존재'라는 확신을 갖게 된다. 한국에서는 전통적으로 포대기를 사용하여 아이를 업었다. 이 과정에서 아이는 엄마의 심장 소리와 체온을 느끼며 안정감을 얻었다. 프랑스에서도 부모와 아이가 매일 뽀뽀를 하거나, 아침저녁으로 꼭 안아주는 문화가 있다. 부모가 스킨십을 거의 하지 않거나 애정을 표현하지 않는다면, 아이는 자신이 사랑받는지에 대한 확신이 부족해지고, 정서적으로 불안정해질 수 있다. 작은 스킨십과 따뜻한 말 한마디가 아이의 안정적인 애착 관계 형성에 중요한 역할을 한다.

• 아이의 감정을 존중하고 반응하라.

아이의 감정을 무시하거나 '그까짓 걸로 우냐?'고 다그치는 것은 애착 관계를 약화시킨다. 아이는 자신의 감정을 존중받아야 부모와의 신뢰를 쌓고, 심리적으로 안전하다고 느낀다. 프랑스에서는 아이가 친구에게 장난감을 빼앗겨 속상해하면, '화가 나겠구나. 너도 가지고 놀고 싶었지?'라고 감정을 먼저 받아준다. 그런 다음 '그럼 어떻게 하면 좋을까?' 하고 해결책을 찾도록 돕는다. 아이가 넘어져 울 때 '안 다쳤어! 그만 울어'라고 하기보다, '많이 아팠구나, 엄마가 도와줄게'라고 공감하면 아이는 더 빨리 안정된다. 감정을 존중받고 이해받는 경험이 많을수록, 아이는 부모를 신뢰하며 마음을 열게 된다.

• 독립성을 길러주되, 여전히 곁에 있음을 보여라.

애착이 잘 형성된 아이는 부모가 곁에 있다는 확신이 있으므로 새로운 도전에 대한 용기를 얻는다. 부모가 아이를 믿어주고 기다려줄 때, 아이는 독립적으로 성장하면서도 부모와의 애착을 유지할 수 있다. 프랑스 엄마 클레어는 3살 된 아멜리가 혼자 신발을 신으려 할 때, 바로 도와주지 않고 "네가 할 수 있을 거야, 한번 해볼래?" 하고 격려한다. 하지만 아이가 "엄마 도와줘!"라고 요청하면, 클레어는 "그래, 조금만 도와줄게"라고 하며 아이가 스스로 마무리할 기회를 준다.

• 부모도 감정을 솔직하게 표현하라. 아이에게 정직한 부모 되기.

부모가 감정을 숨기거나 억누르면, 아이도 자신의 감정을 표현하기 어려워한다. 부모가 솔직하게 감정을 공유하면, 아이도 부모를 신뢰하고 감정을 나누게 된다. 한국 엄마 지수는 하루 종일 바쁘고 피곤한 날, 아이가 계속 장난을 치며 떼를 부리자 "엄마가 지금 너무 피곤해서 좀 쉬고 싶어.

잠시 후에 같이 놀자"라고 솔직하게 이야기한다. 그러자 아이는 조금은 실망했지만, 결국 기다리기로 한다. 이렇게 부모가 솔직하게 감정을 표현하면, 아이도 감정을 건강하게 표현하는 법을 배우고, 부모에 대한 신뢰가 깊어진다. 반대로, 부모가 자신의 감정을 숨기다가 갑자기 폭발하면, 아이는 "부모의 감정을 예측할 수 없어"라는 불안감을 느낀다. 정직한 감정 표현이 부모와 아이 사이의 애착을 더욱 견고하게 한다.

먼저, 부모가 아이에게 신뢰와 애정을 주는 존재가 돼라

애착 관계는 아이의 자신감, 감정 조절, 대인 관계, 문제해 결력 등에 큰 영향을 미친다. 안정적인 애착을 형성한 아이는 세상을 긍정적으로 탐색하며, 스트레스를 조절하고 건강한 사회적 관계를 형성할 가능성이 높다. 반면, 불안정 애착을 형성한 아이는 대인 관계에서 어려움을 겪거나, 자존감이 낮아질 수 있다. 애착 관계는 부모와 아이가 함께 만들어 가는 과정이다. 애착이 잘 형성되려면 신뢰, 애정, 존중,

일관된 보살핌이 필요하다. 부모가 아이에게 "언제나 널 사랑하고 지켜줄 거야"라는 메시지를 지속적으로 전달할 때, 아이는 건강한 애착을 형성하며 정서적으로 안정된 사람으로 성장할 수 있다.

한국과 프랑스는 애착 관계를 전통적으로 중요하게 생각하지만 애착 형성 방식은 서로 다르다. 한국에서는 부모, 특히 엄마가 아이와 밀착된 관계에 집중되어 있다. 그래서 엄마가 아이의 필요에 즉각적인 반응을 보이는 것이 일반적이다. 프랑스에서는 아이가 부모뿐만 아니라 다양한 사람들과 애착을 형성하도록 유도한다. 프랑스 부모들은 생후 몇 개월부터 아이를 크레슈(보육시설)에 보낸다. 거기서 부모가 모든 요구를 즉각적으로 충족하지 않아도 아이가 스스로 감정을 조절하는 경험을 한다.

프랑스 부모들은 아이의 애착 관계가 독립적인 것을 중요하게 생각한다. 한국 부모들은 즉각적인 돌봄과 세심한 관찰을 통해 안정감을 주는 방식을 택한다. 이 중 어느 한 가지 방식이 무조건 옳거나 그르다는 것이 아니다. 부모가 아이에게 신뢰와 애정을 주는 존재가 되는 것이 중요하다.
어떤 방식이든, 부모가 아이를 사랑하고 보호한다는 확신을
줄 때 아이는 정서적으로 안정되며 건강한 애착 관계를
형성할 수 있다.

III

프랑스 아이는 독립적인 어른이 된다

10장

아이의 탯줄을 끊어야 독립적인 아이가 된다

한국에서는 대학을 졸업하고도 진로를 결정하지 못하고 부모에게 의존하는 '캥거루족'이 늘고 있다. 이들은 단순히 경제적 이유뿐만 아니라 정서적으로도 독립하지 못하는 경우가 많다. 부모의 보호 속에서 막연한 안정감을 느끼지만 중요한 일을 선택하고 결정해야 할 때는 불안을 겪는다. 스스로 결정하고 책임지는 경험이 부족한 탓이다. 이들은 작은 실패에도 쉽게 좌절한다. 독립적인 삶을 설계하는 것은 더욱 힘든 일이다. 이러한 현상은 아이를 끝까지 책임지려는 부모의 헌신적인 태도와 맞물려 더욱 심화된다. 부모와 이어져 있는 탯줄을 끊어야 비로소 어른이 된다. 부모가 아이를 계속해서 날개죽지 밑에 넣고 보호하면, 아이는 독립할 기회를 잃고 성장의 중요한 순간을 놓친다. 프랑스 부모들은 아이가 독립적인 존재로 성장하는 것이 자주적이고 행복한 어른이 되기 위한 필수 요소라 믿는다. 아이의 독립적 성장과 삶을 위해 부모뿐만 아니라 학교와 사회가 함께 노력하고 있다.

프랑스에서 독립심은 어떻게 길러지는가?

독립성은 스스로 문제를 해결하는 능력이다. 문제가 발생하면 스스로 선택하고 판단하며 그 결과까지 책임지는 자주적 삶을 살아가는 힘이다. 프랑스에서는 독립심 교육이 가정에서부터 시작된다. 부모는 아이가 어릴 때부터 스스로 할 수 있는 일은 직접 해보도록 격려한다. 나이가 어리다 할지라도 일상생활에서 자고, 먹고, 씻고 하는 기본적인 것은 혼자서 한다. 부모는 아이의 조력자로서 실수를 지적하거나 바로잡아 주기보다는 아이가 시행착오를 통해 배우도록 허용한다. 또한, 유아기부터 친구들과의 놀이를 통해 사회적 독립성을 익히고 있다. 친구들과 놀면서 갈등이 발생하면, 교사나 부모가 개입하기보다는 아이들 스스로 문제를 해결하도록 기다려주는 것이 일반적이다. 이러한 환경에서 아이들은 자율성을 체득하고 어려움을 해결할 수 있는 지혜와 자신감을 얻는다.

프랑스에서는 국가가 앞장서서 아이들의 독립성을 길러주는 환경을 만들어 간다. 공교육 시스템은 유치원부터 방과 후 프로그램까지 아이들이 부모에게 의존하지 않고도 생활할 수 있도록 돕는다. 프랑스의 공립 유치원école maternelle은 3세부터 무료로 운영되며, 놀이와 사회적 상호작용을 통해 독립성을 키우는 훈련을 한다. 또한, 방과 후 프로그램Périscolaire을 통해 아이들은 부모의 개입 없이도 다양한 활동을 경험하며 자립심을 배운다.

초등학교에 들어가면 책임감과 자율성이 더욱 강조된다. 프랑스 아이들은 혼자 등하교를 한다. 용돈을 직접 관리하는 법을 배우고, 학급에서 작은 역할을 맡아 책임감을 익힌다.

가정에서는 아이가 자신의 물건을 스스로 정리한다. 가족을 위해서도 청소 등과 같은 집안일을 자연스럽게 분담한다. 교사 역시 학생들이 스스로 문제를 해결하도록 한다. 친구 간의 갈등에서도 교사가 직접 개입하기보다는 아이들이 대화로 해결하도록 돕는다. 또한, 학생들은 다양한 실습과 체험 활동에 참여하여 사회에서 필요한 기술을 익힌다. 일부 초등학교에서는 아이들이 직접 작은 가게를 운영하기도 한다. 이를 통해 물건을 사고파는 경제 활동을 경험하며 사회에서 가져야 하는 도덕성과 책임감을 키운다.

청소년기에는 토론식 수업과 비판적 사고 교육을 통하여 독립적인 사고를 기르는 훈련을 한다. 방과 후에는 개인 프로젝트나 학교 동아리를 운영하여 자신이 주도하는 경험을 쌓는다. 많은 학생은 학교 수업이 마치면 아르바이트를 하며 스스로 경제적 책임을 경험한다. 또 여름 캠프나 국제 연수 프로그램을 통해 부모와 떨어져 생활하는 경험을 장려한다. 중·고등학생들은 단순한 기업 인턴십을 넘어서, 사회적 기업이나 비영리 단체에서 실제 프로젝트에 참여하며 실무 경험을 쌓는다. 이들은 학교에서 배운 이론을 바탕으로, 지역사회 문제 해결에 기여하며 독립적인 사고와 실천력을 기른다. 대학 진학 후에는 부모로부터 독립하는 것이 일반적이다. 학생들은 집을 떠나 생활하면서 본격적인 자립을 경험한다.

프랑스 부모들은 아이를 양육하면서도 자신의 삶을 잘 가꾸는 것이 중요하다고 여긴다. 부모가 독립적인 삶을 살아야 아이도 자연스럽게 자립심을 기른다는 인식이 자리 잡고 있다. 이러한 환경 속에서 아이들은 부모가 자신의 삶을 대신해 주는 존재가 아니라 자기 스스로 선택하고 책임지는 독립적인 존재로 성장해야 한다는 가치를 배운다. 프랑스의 사회적 지원은 아이들이 자연스럽게 독립심을 키울 수 있도록 돕는 역할을 한다.

아이를 믿고 놓아주라

우리는 아이를 사랑하기에, 끝까지 지켜주고 싶어 한다. 아이가 넘어지기 전에 손을 내밀고, 어려움을 겪기 전에 해결해 주려 한다. 그렇게 보호 속에서 자란 아이들이 과연 스스로의 삶을 살아갈 수 있을까? 프랑스 부모들은 아이를 독립적인 인격체로 인정한다. 사랑하되 품 안에 가두지 않고, 스스로 선택하고 책임지게 한다. 실수를 하더라도 부모가 개입하는 대신, 다시 시도할 수 있도록 기다 려준다. 아이가 자라는 동안, 부모는 한발 물러서서 지켜보는 존재가 된다. 그렇게 프랑스 아이들은 어려움을 마주하는 법을 배우고, 실패 속에서 다시 일어서는 힘을 기른다.

부모의 역할은 아이를 영원히 보호하는 것이 아니라, 세상을 살아갈 수 있도록 준비시켜 주는 것이다. 우리는 아이를 나의 '분신'으로 여기기에 다 커도 품에서 놓아주지 못하지만, 유럽 부모들은 아이를 독립된 존재로 보고 사회의 한 구성원으로 성장할 시기가 되면 기꺼이 떠나보낸다. 시간이 걸리더라도, 조금 귀찮더라도, 아이 스스로 선택하고 경험하게 해야 한다. 문제를 해결할 수 있도록 혼자, 안전하게 놔두라. 부모가 먼저 아이를 믿을 때, 아이는 비로소 자신을 믿고 세상을 향해 나아갈 수 있다.

11장

프랑스 아이는 마트에서 생떼를 부리지 않는다

마트에 갔을 때, 아이가 갖고 싶은 장난감을 사 주지 않는다고 떼를 쓰는 경험을 해본 적이 있는가? 아이는 바닥에 주저앉아 "저 장난감 사줘! 사줘!" 하고 외치며 마트가 떠나가도록 큰 소리로 울음을 터뜨린다. 지나가는 사람들의 시선이 따갑게 꽂힌다. 얼른 자리를 뜨고 싶다. 몇 번 달래 보지만 좀처럼 고집을 꺾지 않는다. 도리어 사람들의 눈총이 따가울수록 소리가 더 커진다. 이쯤 되면 항복할 수밖에 없다. 깊은 한숨과 함께 그 장난감을 집어 아이 손에 건넨다. "이번 한 번만이야! 알았어?" 아이는 승리의 표정을 지으며 고개를 끄떡인다.

프랑스 아이는 마트에서 생떼를 부리지 않는다

프랑스 마트에서 이런 장면을 찾기는 어렵다. 프랑스 아이들도 원하는 것이 많다. 한국 아이들처럼 마트에 가서 갖고 싶은 것을 보면 눈이 반짝인다. 마음이 들떠서 부모님께 사달라고 부탁을 한다. 하지만 그들의 부모는 차분하게 말한다. "안 돼! 오늘 계획에 없는 거야!" 그 한마디면 끝이다. 아이는 투정을 부릴까 망설이다가도 곧 입을 다문다. '안 돼'라는 말이 번복될 가능성이 없음을 알고 있기 때문이다. 아이는 얌전히 부모를 따라간다.

프랑스 부모들은 왜 이렇게 단호할까? 프랑스 교육의 고전인 《에밀》의 저자 루소는 "아이를 불행하게 만드는 가장 확실한 방법은 언제든지, 무엇이라도 손에 넣을 수 있도록 내버려두는 것이다"라고 했다. 프랑스 부모들은 아이가 욕망을 절제하는 법을 배우길 원한다. 원하는 것과 필요한 것을 구별하는 능력은 아이가 사회 속에서 건강하게 성장하는 첫걸음이라 믿는다. 그래서 부정적인 것에도 부모가 일관된 태도를 보인다. 그러면 아이들은 세상은 언제나 자기가 원하는 대로 흘러가지 않는다는 세상의 원리를 자연스레 익힌다.

아이가 생떼를 부리는 데는 다 이유가 있다

아이가 생떼를 부리는 데는 이유가 있다. 그 이유를 부모가 알지 못하면 순간적인 상황을 모면하기 위하여 아이의 요구에 굴복하거나 어른이 가진 힘으로 짓누른다. 이것은 아이에게 잘못된 신호를 줘 아이의 잘못된 행동을 강화시켜 더 난감한 상황을 만들 수 있다. 어린아이는 자신의 욕망을 즉시 충족하고 싶어 한다. 그들은 갖고 싶은 것은 '지금 당장' 얻어야 한다고 생각한다. 이는 아이들의 뇌 발달과 관련이 깊다. 아이의 충동을 조절하고 계획하는 전두엽이 아직 성장하지 않았기 때문에 욕망을 참는 것이 어렵다. 자기가 좋아하는 장난감이나 과자를 보면 즉각적인 욕구가 발동한다. 스스로 참고 기다리는 행동을 하기에는 성장의 시간이 더 필요하다.

아이가 생떼를 부리는 것은 시간 개념이 없기 때문이다. '나중'이라는 것은 그들에게 막연한 개념일 뿐이다. 엄마가 "나중에 사 줄게"라고 말할 때 '나중'이라고 하는 것은 존재하지 않는 것과 같다. 그래서 아이는 더욱 울면서 "지금! 지금!"을 외친다. "나중에 사 줄게"라는 말은 아이에게 의미 있는 약속으로 들리지 않는다. 원하는 것을 지금 얻지 못하면 결코 얻지 못할 것처럼 느낀다. 부모가 "다음에"라고 말해도, 아이는 당장 충족되지 않는 욕망 때문에 불안을 느끼고 더욱 강하게 떼를 쓴다.

어린아이들은 필요한 것과 욕망을 명확하게 구별하지 못한다. 6살 연우는 친구 생일 파티에서 친구가 받은 선물을 보고는 "나도 당장 사 줘!"라고 요구했다. 엄마가 "너도 생일이 되면 선물을 받을 거야"라고 설명했지만, 연우는 자신의 욕망이 충족되지 않자 울며 화를 냈다. 운동화를 사 달라는 것은 '필요'이다. 비싼 특정 브랜드의 운동화를 사 달라고 조르는 것은 '욕망'이다. 그런데 아이에게는 이 두 가지가 동일하게 다가온다. "나는 이것이 필요해. 지금 당장." 이처럼 아이들은 자신의 욕망이 충족되지 않으면 큰 좌절감을 느끼고 감정을 폭발시키기도 한다.

아이들은 본능적으로 부모의 사랑과 관심을 갈구한다. 부모가 평소에 긍정적인 행동에는 무심하고, 아이가 떼를 쓸 때만 반응한다면 어떤 일이 일어날까? 아이는 '이렇게 하면 부모가 내 말을 들어 준다'는 사실을 학습하게 된다. 부정적인 방식으로라도 관심을 받으려는 심리가 자리 잡는다. 떼쓰기가 반복되는 이유는 결국 부모의 반응이 일정하지 않기 때문이다. 5살 은서는 평소에 조용히 책을 읽을 때 부모가 별 관심을 주지 않았다. 그런데 떼를 쓰며 소리칠 때마다 부모가 즉각적으로 반응하는 경험을 했다. 그 결과 은서는 주목받고 싶을 때마다 떼를 쓰게 되었다.

아이의 생떼는 단순한 반항이 아니다. 자기의 감정을 조절하는 방법을 배우고, 감정 조절 능력을 키워가는 과정이다. 감정을 표현하는 방법을 배우지 못한 아이들은 울거나 소리를 지르는 방식으로 불만을 표출한다. 이때 부모가 어떻게 반응하느냐에 따라 아이는 자기 감정을 건강하게 다루는 법을 배운다. 생떼를 부리는 아이를 단순히 '버릇없는 아이'로 볼 것이 아니라, 감정을 조절하는 법을 배우는 단계라고 이해할 필요가 있다.

프랑스 부모들은 어떻게 반응할까?

5살 난 엘로이즈는 마트의 초콜릿 코너 앞에서 멈춰 선다. 반짝이는 포장지, 달콤한 유혹. 손을 천천히 초콜릿을 향해 뻗는다. "엄마, 이거 사 줘!" 엄마는 미소를 머금은 채 아이의 눈을 마주 본다. 부드럽지만 단호한 목소리로 말한다. "안 돼, 오늘은 초콜릿을 사지 않을 거야." 아이의 얼굴에 실망이 스친다. 한 번 더 조른다. 그러나 엄마는 흔들리지 않는다. "오늘은 안 돼. 하지만 주말에 간식을 고를 수 있으니 그때 네가 직접 선택해." 아이는 잠시 주춤하더니 조용히 손에서 초콜릿을 내려놓고 엄마를 따라간다. 프랑스 부모들은 이렇게 '안 돼'를 단호하면서도 흔들림 없이 가르친다.

- 단호하지만 조용한 권위로 "안 돼"를 말한다.

프랑스 부모들은 아이의 감정에 흔들리지 않는다. 울거나 발을 동동 굴러도 단호한 태도를 유지한다. 단호함은 화내는 목소리에서 나오는 것이 아니다. 부드럽지만 단단한 어조에서 나온다. "안 돼"라는 말은 철회되지 않는다. 부모가 흔들리지 않을 때, 아이도 결국 그 원칙을 받아들인다.

- 한 번 정한 규칙은 바꾸지 않는다.

아이들은 부모의 일관성을 매번 시험한다. 울면, 조르면, 결국 원하는 것을 얻을 수 있는지를 반복해서 확인한다. 프랑스 부모들은 한 번 내린 결정을 바꾸지 않는다. '안 돼'라고 말한 순간, 그것은 바위처럼 흔들리지 않는다. 5살 난 클레망스는 식당에서 초콜릿 케이크를 더 먹고 싶어 한다. 엄마는 "오늘은 하나만 먹기로 했어"라고 말한다. 아이는 계속 졸라보지만, 엄마는 같은 대답을 반복한다. 시간이 지나자 아이는 결국 체념하고 작은 한숨과 함께 고개를 끄덕인다. 부모의 규칙이 바뀌지 않는다는 것을 배운 것이다.

• 대안을 제시한다.

프랑스 부모들은 단순히 "안 돼"라고만 하지 않는다. 아이가 거부당하는 느낌을 받지 않도록 대안을 마련해 둔다. "오늘은 안 돼. 하지만 네가 원하는 걸 다음 주에 살 수 있도록 용돈을 모아볼까?" 같은 방식으로 아이가 선택할 수 있는 공간을 열어준다. 6살 루카스는 마트에서 과자를 사달라고 한다. 엄마는 "오늘은 과자 대신 네가 좋아하는 요거트를 사 줄게. 다음 주에는 과자를 골라볼까?"라고 말한다. 아이는 처음에는 실망하지만, 결국 고개를 끄덕이며 엄마와 함께 요거트 코너로 향한다.

• 감정적으로 대응하지 않는다.

프랑스 부모들은 아이가 감정적으로 폭발해도 이에 휘말리지 않는다. 아이가 마트 바닥에 드러누워 울어도, 부모는 태연하다. 다급하게 말리지도, 부끄러워하지도 않는다. 대신 아이가 스스로 감정을 조절할 시간을 준다. 4살 난 샤를로트는 친구 생일파티에서 자신도 같은 인형을 갖고 싶다고 떼를 쓴다. 엄마는 "나는 네가 원하는 걸 이해해. 하지만 우리는 오늘 인형을 사러 온 게 아니야." 하고 조용히 말한다. 아이가 계속 떼를 써도 엄마는 초조해 하지 않는다. 몇 분 후, 아이는 스스로 감정을 가라앉히고 엄마의 손을 잡는다. 부모의 차분한 태도가 아이에게도 전달된 것이다.

• 부모의 감정을 솔직하게 표현한다.

프랑스 부모들은 아이에게 감정을 숨기지 않는다. "네가 이렇게 떼를 쓰니까 엄마가 너무 피곤해"라고 솔직하게 말한다. 아이는 자신의 행동이 상대방에게 어떤 영향을 미치는지 배운다. 5살 마농은 마트에서 초콜릿을 사달라고 조르며 짜증을 낸다. 엄마는 한숨을 쉬며 "마농, 엄마도 기분이 좋지 않아. 우리가 함께 즐겁게 쇼핑할 방법을 생각해 보자." 하고 말한다. 아이는 엄마의 감정을 이해하려 애쓰고, 행동을 바꾸려 노력한다.

"안 돼!"는 거절이 아니라 성장의 가르침이다

아이의 생떼는 거친 바람과 같다. 처음엔 거세게 몰아치지만, 단단한 나무처럼 흔들리지 않고 서 있으면 결국 잦아든다.

이런 과정을 통해 아이는 자신의 감정을 조절하는 법을 배운다. 그리고 세상은 자기 맘대로 움직이지 않는다는 사실을 조금씩 깨닫는다. 이 과정에서 부모가 해야 할 일은 그저 묵묵히 서서 아이가 바람 속에서도 중심을 잡도록 도와주는 것이다. 프랑스 부모들은 '안 돼'를 단순한 거절로 여기지 않는다. 자기 절제와 자기 감정 조절을 배우는 중요한 성장 과정으로 여긴다. 부모가 일관되게 원칙을 지킬 때 아이는 스스로 감정을 다스리는 법을 배운다.

아이의 바람을 거절하는 '안 돼!'는 단호하면서도 부드럽게 전달되어야 한다. 단호하지만 아이를 존중하는 마음으로 해야 한다. "지금은 안 돼, 하지만 다음에 해볼까?"라는 한마디는 아이에게 거부가 아닌 기다림을 가르친다. 그 과정에서 아이는 좌절이 아닌 배움을 경험하며, 자신의 감정을 조절할 줄 알게 된다. 원하는 것을 얻을 수 없을 때 어떻게 반응하느냐가, 아이의 미래를 위해 매우 중요하다. 감정을 조절할 줄 알고, 기다릴 줄 알며, 자신의 욕망과 필요를 구별할 줄 아는 아이는 단단한 뿌리를 가진 나무처럼 성장한다.

12장

홀로서기,
넘어진 아이는 스스로 일어나게 해야 한다

놀이터에 아이들이 모여 놀고 있다. 한 아이가 달리다 넘어졌다. 곁에서 지켜보던 한국 엄마는 재빠르게 달려가 아이를 일으켜 세웠다. "괜찮아? 어디 다쳤어? 무릎 좀 보자." 엄마의 눈빛엔 걱정과 안타까움이 가득하다. 아이의 놀란 눈은 엄마를 바라보다 참았던 울음을 터뜨린다. 엄마는 아이를 품에 안고 다독이며 말한다. "괜찮아, 엄마가 있잖아." 우리나라 엄마들은 아이가 다칠까 봐 노심초사한다. 무릎에 조그마한 흉터라도 남기고 싶어 하지 않는다.

이럴 때 프랑스 엄마는 어떻게 할까? 프랑스 엄마는 넘어진 아이를 잠시 바라보다 하던 일을 이어간다. 아이의 넘어진 상황에 곧바로 개입하지 않는다. 친구와 이야기를 하고 있다면 아무 일이 없다는 듯 계속 이야기를 한다. 넘어진 아이는 잠시 후 스스로 몸을 일으켜 세우고 옷에 묻은 흙을 털어낸다. 아무렇지도 않은 듯 아이도 하던 일을 계속한다. 프랑스 엄마들은 이런 상황에 대해 이렇게 말한다. "아이가 넘어졌을 때 피가 났다면 모를까 절대 일어서지 마."* 프랑스 엄마들이 개입을 미루는 이유가 있다. 넘어져 피가 나면 모를까 넘어진 자체가 위험한 것이 아니기 때문이다. 도리어 아이가 넘어졌을 때 아이 스스로 일어나는 경험이 자율성과 독립성을 키우는 데 큰 힘이 된다. 부모는 아이가 넘어지더라도 바라만 보는 것은 아이가 스스로 일어설 수 있다고 믿기 때문이다.

---

* 캐서린 크로퍼드, 《프랑스 아이들은 왜 말대꾸를 하지 않는가?》, 아름다운 사람들, 2013, p16.

한국 엄마들이 아이가 넘어지는 순간 발을 구르듯 달려가는 것은 사랑 때문만은 아니다. 사랑엔 늘 불안이 묻어 있다. 한국 부모들은 '좋은 부모'에 대한 집단적 강박 안에 살고 있다. 아이의 안전, 학업, 감정까지 모든 걸 챙겨야만 좋은 부모라는 문화 속에서 프랑스 엄마들처럼 한 걸음 뒤로 물러나는 일은 무책임한 듯 보인다. 입시와 성공을 위하여 서로 경쟁하고 비교하는 우리 사회에서 부모는 아이의 실패를 예방하는 '매니저'가 되기를 강요받는다. 그래서 아이의 아픔을 부모가 대신 아프고, 아이가 요구하기도 전에 먼저 아이의 성공에 필요한 것을 준비해 두려 한다. 세상이 각자도생의 전쟁터인데 부모는 뒷짐 지고 있으면서 아이에게 결정하고 책임지라고 하는 것은 무책임한 행동이라고 말한다.

자율성은 선택의 자유만을 뜻하지 않는다. 자신이 선택한 결정에 대해 스스로 책임지는 과정을 말한다. 실수와 실패가 때로는 뼈아픈 일이기도 하겠지만 아이에게는 더없이

값진 성장의 기회이다. 루소가 『에밀』에서 들려주는 말은 우리에게 울림이 있다. "에밀이 전혀 다치지 않고 고통을 모른 채 자랄까 봐 걱정이다." 그래서 루소는 에밀이 매일 들판 한가운데로 마음껏 달리면서 매일 100번은 넘어질 수 있게 해야 한다고 말한다.* 이 말은 자율성과 안전 사이에 존재하는 섬세한 균형을 잘 보여준다. 아이는 넘어져 봐야 일어나는 법을 배우고, 실수해 봐야 그다음 선택을 좀 더 바르게 할 수 있다. 삶을 자주적으로 살아가는 데 가장 중요한 자율성은 스스로 선택하고 그 선택의 무게를 감당하는 경험에서 만들어진다. 그 기회를 빼앗으면 아이는 세상을 대신 살아주는 보호자의 그늘에 머물러 있으려 한다.

프랑스 부모들은 자율성과 사랑을 분리하지 않는다. 사랑은 모든 것을 대신해 주는 것이 아니라, 아이가 스스로 결정할 수 있도록 옆에서 지켜보는 일이라 말한다. 프랑스 부모들은 아이를 믿는 것이야말로 진짜 사랑이고 생각한다. 이는 방임이 아니라, 신뢰를 전제로 한 관계다. '지켜보는 사랑'은 때로 즉각적으로 개입하는 것보다 훨씬 더 깊은

---

* 파멜라 드러커맨, 《프랑스 아이처럼》, 북하이브, 2014, p302.

헌신이 필요하다. 모든 것을 아낌없이 주는 부모가 되는 것도 어렵지만 아이의 실패를 바라보면서 기다리는 것은 더 힘들다. 프랑스에서는 아이가 친구와 다퉜을 때 교사가 적극적으로 개입하지 않는다. 갈등을 일으킨 그들 스스로 해결하도록 한다. 실수도 오해도 아이의 몫이다. 이런 과정을 통해 아이는 인생을 자기 스스로 선택하고 책임지는 법을 익힌다. 비 올 때마다 부모가 아이의 손에 우산을 지어주면 아이는 자기 스스로 비를 피하는 법을 배우지 못한다. 비가 오더라도 부모가 우산을 건네주지 않으면 아이는 자기 스스로 비를 피하는 법을 배운다.

프랑스 엄마들은 아이들이 넘어지더라도 스스로 선택하게 한다

프랑스 부모들은 일상생활에서 자율성을 가르친다. 프랑스 유아교육의 신기원을 만든 프랑스와 돌토는 "가장 중요한 것은 아이가 안전한 상태에서, 가능한 일찍부터 자율을 주는 것이다"라고 말했다. 아이에게 자율을 허락한다는 것은 자기 존재에 대한 사랑과 확신을 가져 "나는 있는 그대로 괜찮은 존재야"라고 여긴다. 이런 확신은 매일의 소소한 탐험 속에서 자란다. 아이들은 자신만의 방식으로 세계를 탐색하고, 또래와 부딪치며, 울고 웃으며 조금씩 '자기다움'을 익힌다. 프랑스 부모들이 아이의 자율성을 키우기 위해 일상에서 실천하는 것을 살펴보자.

첫째, 아이에게 작은 결정권을 일찍부터 맡긴다.
외출 전 어떤 옷을 입을지, 어떤 간식을 먹을지 묻고 기다려 준다. 때로는 얇은 옷을 입고 나와 감기에 걸릴 수도 있지만, 그 경험을 통해 아이는 계절과 몸의 감각을 연결 짓는 법을 배운다. 아이는 자신이 정한 결과를 직접 겪으며 선택의 의미를 배울 수 있다. 자율성은 일상에서 아이의 의견을 물어보는 작은 질문에서부터 출발한다.

둘째, 갈등이나 다툼이 생겼을 때 개입을 최소화한다.
놀이터에서 친구와 장난감을 두고 실랑이를 벌일 때, 프랑스 부모는 흔히 말한다. "스스로 해결해 봐." 아이가 상황을 조율해 보려 애쓰는 동안 부모는 옆에서 지켜볼 뿐이다. 이 과정에서 아이는 타인의 입장을 고려하고, 타협하고, 감정을 조절하는 법을 자연스레 배운다.

셋째, 실패와 실수를 긍정적인 학습의 기회로 받아들인다.
숙제를 하지 않아 선생님께 혼이 나도 부모는 대신 사과하거나 변명해주지 않는다. 물론 교사에게 전화하여 따지는 일은 생각지도 못한다. 부모는 아이에게 이렇게 묻는다. "이번엔 어땠어? 다음엔 어떻게 하면 좋을까?" 프랑스 부모는 완벽한 아이가 아니라 실수하면서도 배우는 아이가 되기를 원한다. 자율성은 실패를 견디게 하고 책임지며 동시에 스스로를 믿게 한다.

넷째, 아이의 시간을 부모의 계획으로 가득 채우지 않는다.
방과 후의 시간은 우리나라처럼 학원이나 과외로 이어지지 않는다. 프랑스 아이들은 일차적으로 놀고 쉰다. 그러다 점차 자기주도적인 활동으로 채워진다. 프랑스 부모는 아이가 스스로 심심함과 지루함을 느낄 수 있도록 허용한다. 아이가 스스로 무엇인가를 해야겠다는 동기부여가 일어나기를 기다려준다. 이 시간은 아이가 자기 내면의 목소리를 듣는 법을 배우는 기회가 된다.

다섯째, 식탁에서의 대화를 중요하게 여긴다.

프랑스 가정에서의 식사 시간은 단순한 영양 섭취하는 밥 먹는 시간이 아니다. 가족이 모여 하루를 돌아보고 생각을 나누는 시간이다. 아이는 자신의 의견을 말할 기회를 얻고, 때로는 반대되는 의견과도 부딪히며 사고를 확장해간다. 가족 안에서 존중받는 대화는 아이의 생각을 키워주며, 아이의 자율성과 자기 표현력을 함께 길러준다.

자율성을 키우려면 부모가 한 걸음 물러서라

아이의 자율성을 키우고 싶은가? 어디서부터 시작할 수 있을까? 거창한 변화가 아니어도 좋다. 아이가 고를 수 있는 선택지를 하나 더 주고 그 선택에 책임질 기회를 함께 열어주는 것이며, 아이가 실수했을 때 먼저 해결해주는 대신 "어떻게 해보면 좋을까?"라고 물어보는 것이다. 자율성은 이런 작지만 꾸준한 실천 속에서 자란다. 그것은 부모가 아이의 손을 놓는 것이 아니라, 아이의 미래를 위해 부모의 손을 거두는 것이다. 자율성을 키우기 위해서는 부모가 한

걸음 물러서 있어야 한다. 이때 아이는 자기 인생의 방향키를 자기가 잡는 법을 배울 수 있다. 아이의 성장에는 실수도 필요하고, 실패도 허용되어야 한다. 진짜 사랑은 아이의 인생을 대신 살아주는 것이 아니라, 그 인생을 당당히 건너갈 수 있도록 같이 비를 맞아주는 것이다.

13장

독립 수면, 프랑스에서는
아기가 4개월이 지나면 스스로 자게 한다

저녁 8시가 가까워지면 파리 외곽에 사는 마리네 집은 하루를 정리하고 잠잘 준비를 한다. 엄마인 마들렌은 식탁을 치우고, 다섯 살 난 마리는 작은 손으로 장난감을 바구니에 담는다. 욕실에서는 칫솔질 소리가 난다. 거실 소파에는 오늘 읽을 그림책 한 권이 준비돼 있다. "오늘은 이 책이야?" 마리의 목소리에 아빠 리오넬은 고개를 끄덕인다. 낮 동안 일하느라 바빴던 아빠 리오넬에게도 이 시간은 특별하다. 그는 마리의 침대 옆에 앉아 책장을 넘기며 차분한 목소리로 책을 읽어준다. 마리는 아빠의 목소리를 들으며 오늘 유치원에서 있었던 일을 간간히 이야기한다. 잠자리에 들기 전의 이 짧은 시간은 마리와 리오넬 모두에게 서로를 연결하는 소중한 순간이다. 책을 다 읽으면, 포옹하며 인사를 나눈 후 리오넬은 방문을 조용히 닫고 나온다. 리오넬과 마들렌은 어둠이 내려앉은 창가에 앉아 미리 준비해 둔 포도주를 마주하고 친밀한 둘만의 시간을 갖는다.

독립 수면은 아이의 내면의 힘을 키운다

프랑스 부모에게 아이가 혼자 자는 것은 당연한 일이다. 아이는 자전거 타는 법을 배우는 것처럼 혼자 잠자는 것을 배워야 한다. 아기는 생후 4~5개월부터 깨지 않고 12시간을 내리 잘 수 있다.[*] 적어도 6개월이 지나면 혼자서 밤새 잘 잘 수 있다고 믿는다. 프랑스 부모들은 이때부터 아이에게 자신만의 공간에서 잠드는 연습을 시킨다. 아이의 독립 수면을 하는 이유는 아이가 잠자는 공간은 아이만의 세계이자 자기 존재를 자각하는 장소이기 때문이다. 자기

---

[*] 파멜라 드러커맨, 《프랑스 아이처럼》, 북하이브, 2014, p49.

만의 침대와 베개, 포근한 이불과 조용한 조명은 그 자체로 아이의 독립을 상징하는 장치들이다. 이처럼 분리된 공간에서 스스로 잠들 수 있게 하는 것은 아이가 혼자서도 불안을 견디고 감정을 다스리는 경험을 하게 하려는 깊은 배려다. 아이는 어둠 속에서 자신이 느끼는 두려움과 외로움을 마주하고, 그것을 이겨내는 과정을 통해 내면의 안정감을 키워간다.

프랑스 부모들은 수면을 단순한 생리적 행위로 보지 않는다. 그들은 잠드는 과정을 아이가 자신의 감정을 조율하고 다스리는 시간으로 본다. 아이는 어둠 속에 혼자 남아 잠드는 과정을 통해 내면의 힘을 키우고, 부모는 그 과정을 지켜보며 아이가 스스로 할 수 있다는 신뢰를 갖는다. 잠드는 과정에서 아이가 내는 짧은 울음, 이불 속에서의 뒤척임이 들리더라도 금방 달려가지 않고 기다려준다. 어둠 속에서 느끼는 불안의 그림자를 아이가 마주하는 그 순간에도 부모가 옆에 있다는 것만 알려줄 뿐 직접 다가가 해결해 주지 않는다. 부모는 기다림을 통해 아이를 독립된 존재로 자라게 한다. 독립 수면은 아이가 독립성을 획득하는 상징적 통과의례이다.

또한 부모와 아이가 각자의 삶을 인정하고 존중하는 삶의
형태이다.

아이에게도 부모에게도 수면은 중요하다

수면은 아이의 성장과 발달에 있어 매우 중요하고 결정적인
요소다. 사람은 잠을 자면서 뇌가 하루 동안 받아들인
감정과 자극을 정리하며 안정을 취한다. 신체는 잠자는
시간에 성장호르몬을 분비하며 체력을 회복한다. 깊은 잠은
그날의 쌓인 피로를 풀고 다음 날을 다시 시작할 힘을 되찾는
시간이다. 그래서 충분히 자지 못하면 아이는 짜증을 내고
심하면 공격성을 보인다. 이것이 반복되고 지속되면 아이라
할지라도 만성피로가 쌓여 면역성이 결핍되고 삶의 질이
떨어진다. 또한 불안을 유발하고 충동을 조절하지 못하여
과잉행동을 보이기도 하며, 기억력에도 문제가 발생할 수
있어 학습에도 좋지 못한 영향을 미친다.

아이의 수면 부족은 부모에게도 직격탄이 된다. 밤마다

깨어나는 아이를 달래느라 잠에서 수차례 깨어나야 하는 부모는 만성적인 피로와 정서적 긴장을 견뎌야 한다. 아이가 자주 깨거나 깊이 잠들지 못하면, 부모 역시 수면 방해를 겪을 수밖에 없다. 이는 곧 피로 누적과 정서적 소진으로 이어진다. 부모의 수면권이 무너지면, 육아에 대한 인내심과 여유는 급격하게 줄어든다. 따라서 아이의 독립 수면은 단지 아이를 위한 것만 아니다. 부모의 삶을 위해서도 중요한 것이다. 아이가 자신만의 공간에서 스스로 잠들면, 부모는 자기 삶의 되찾아 정서적 여유를 가질 수 있다. 프랑스 사회는 부모가 아이를 온전히 돌보는 동시에, 스스로를 돌보는 존재이기도 하다.

프랑스 부모는 아이의 독립 수면을 어떻게 연습시키는가?

첫째, 독립 수면의 시작이 중요하다.

프랑스에서 독립 수면을 시작하는 시기는 생후 4~6개월이다. 이 사이에 수면 리듬이 어느 정도 잡히기 시작하면, 부모는 아이가 자신의 공간에서 잠을 자도록 점차 연습시킨다. 이때 중요한 것은 아이가 안전하고 따뜻하다고 느낄 수 있는 환경을 만들어주는 것이다. 조용하고 어두운 방, 부드러운 조명, 익숙한 담요나 인형 등은 아이에게 심리적 안정을 준다. 아이가 잠드는 것이 낯설고 무서운 일이 아니라 편안한 것이라는 것을 느껴야 한다. 부모는 아이가 혼자 잠드는 첫 순간을 불안하게 지켜보지 말고 아이가 자기만의 세계로 진입하는 것으로 바라보고 격려해야 한다.

두 번째는, 일관된 루틴을 만드는 것이다.
매일 같은 시간에 잠자리에 들도록 하고, 이를 닦고 화장실에 가고, 책을 읽고, 포옹하는 일련의 과정을 반복한다. 이 과정은 아이의 뇌에 '이제 잘 시간'이라는 신호를 주어 마음을 차분히 가라앉히고 더 쉽게 잠들 수 있도록 돕는다. 프랑스 부모들은 불필요한 자극을 줄이고 조용한 환경을 만들어 아이가 잠드는 과정을 스스로 할 수 있도록 돕는다. 이 과정을 통해 아이는 '나는 나의 하루를 스스로 마무리할 수 있다'는 의식을 갖는다.

세 번째, 밤 시간에 부모와 떨어지는 것이 아쉽지 않으려면,

낮 시간에 아이와 충분히 놀아주고 다정한 시간을 가져야
한다.

밤이 돼야 겨우 부모의 사랑을 독차지 할 수 있는데 혼자
떨어져 잠자리에 가야 한다는 것은 사랑으로 허기진 배를
안고 잠자리에 드는 것과 같다. 사랑을 갈구하며 좀 더
부모와 함께하고 싶은 것은 당연한 것이다. 잠자기 전
아이에게 사랑의 허기진 배를 채워주는 것이 중요하다.

네 번째, 저녁이 되면 아이에게 미리 알려주어야 한다.

"시간이 되면 너는 너의 방에 가서 혼자서 잠을 자야 해. 처음
에는 낯설고 두렵겠지만 조금 시간이 지나면 더 편안하고
좋아질 거야. 혹 네가 중간에 깨면 엄마가 한 번은 달래줄
거야. 하지만 그다음부터는 일어나지 않을 거야. 엄마도 자야
하니까. 엄마는 멀리 있지 않아. 한 번은 달래 줄 수 있지만
밤새 그러지는 않을 거야"[*]

다섯 번째, 아이가 밤에 깼을 때의 대처 방식이다.

프랑스 부모들은 아이가 우는 소리에 즉각적으로 반응하지

---

[*] 파멜라 드러커맨, 《프랑스 아이처럼》, 북하이브, 2014, p80.

않는다. 우선 아이의 상태를 조용히 살핀 후, 신체적인 문제가 없는 경우에는 잠시 기다려본다. 아이가 스스로 다시 잠들 수 있는 기회를 주는 것이다. 필요하다면 문 앞에서 조용한 목소리로 "괜찮아, 잘 자렴." 하고 한마디를 건넨다. 이처럼 일관되면서도 따뜻한 방식으로 반응할 때, 아이는 부모의 신뢰 안에서 편안한 마음으로 잠속으로 들어갈 수 있다. 밤에 아이가 잠시 울어도 부모가 곧장 달려가지 않는 것은 사랑을 덜 주기 때문이 아니라 아이의 스스로 이겨낼 수 있다고 믿기 때문이다.

여섯 번째, 모든 가정이 아이를 곧장 따로 재우는 것은 아니다. 예외는 있다.
어떤 부모는 아기의 숨결이 바로 옆에서 느껴져야만 마음이 놓여 잠을 잘 수 있다고 한다. 또 어떤 경우는 방을 쓰는 형제들이 밤잠을 설쳐 어쩔 수 없이 부모 방에서 재우는 경우도 있다. 이럴 때 부모 방에 아기 침대를 두고 재운다. 그렇다고 하염없이 길게 있지는 않는다. 할 수만 있으면 빨리 독립시키려고 노력한다.

결론

한국 사회에서는 아이가 부모와 함께 자는 것이 익숙하다. 이를 잘못된 육아법이라고 일방적으로 말할 수는 없다. 부모와 함께 자는 시간은 아이에게 따뜻한 애착의 기억을 남기고, 정서적 유대를 강화하는 긍정적인 면이 있다. 하지만 그 애착이 너무 오랫동안 물리적인 밀착에만 머물면 아이는 부모로부터 분리되는 것을 두려워한다. 부모 역시 자신의 삶의 경계를 지키기 어려워진다. 밤새 아이의 뒤척임에 일일이 반응하고, 아이 곁에 웅크린 채 뒤척이는 수많은 밤들 속에서 부모는 점점 지친다. 아이는 점점 더 부모 없이는 잠들기 어려워한다. 함께 자는 것으로 인해 물리적 애착은 충분히 쌓이지만, 애착 안에는 꼭 있어야 하는 '분리 연습'은 빠져 있다.

부모도 자신을 돌봄이 필요하다. 아이의 자율성과 정서적 독립을 말하면서, 정작 부모는 자신을 돌볼 여유조차 갖지 못하는 현실 속에 살아간다. 프랑스의 독립 수면 문화가 우리에게 주는 진짜 메시지는 '어떻게 자느냐'가 아니라,

'어떻게 관계를 맺고 거리를 조율하느냐'라는 점일지도 모른다. 부모와 아이는 두 개의 독립된 존재다. 서로를 깊이 사랑하되, 그 사랑 안에 경계와 여백을 허락하는 것이야말로 진짜 성숙한 애착이다. 한국 사회는 여전히 아이에게 모든 시간을 내어주는 것을 좋은 부모의 조건이라 여긴다. 온전한 헌신은 때때로 한발 물러서는 용기가 필요하다. 자는 시간은 아이가 스스로 감정과 두려움을 조율할 수 있도록 한발 물러설 필요가 있다. 그러면 아이는 밤의 어둠 속에서 자기만의 내면을 단단히 세워갈 것이다. 아이의 잠자리가 고요해지면 부모의 삶도 회복되기 시작한다. 아이를 품 안에 두지 않아도 사랑을 이을 수 있다.

14장

아이는 직감적으로 이해한다. 그러니 설명하라

두 살도 채 되지 않았던 어느 주일 아침, 나는 아이를 데리고 교회로 향했다. 부모와 아이를 위한 유아실도 준비되어 있었지만, 그날 나는 아이와 함께 어른들의 예배에 참여하고 싶었다. 교회 문 앞에서 나는 아이를 바라보며 조용히 말했다. "은비야, 오늘은 유아실 말고 어른들이 예배드리는 곳에 갈 거야. 우리는 제일 앞에서 앉을 거고, 예배 시간엔 돌아다니거나 시끄럽게 하면 안 돼. 앉아서 엄마 아빠랑 예배를 드릴 거야. 힘들거나 지루하면 조용히 알려줘. 간식도 줄 수 있고, 그림 그릴 종이도 있어." 그날, 아이는 예배 시간

내내 조용히 앉아 그림을 그렸다. 가끔 나를 바라보며 눈을 맞췄고, 나는 그 눈 속에서 '이해받았다는 안정감'을 읽었다. 어리다고 이해할 수 없는 존재는 아니다. 나는 설명했고, 아이는 받아들였다.

아이는 태아 때부터 부모의 말을 듣고 있다

아동 정신분석가 프랑수아즈 돌토는 아이의 인격을 존중하는 현대의 프랑스 육아 교육의 장을 연 것으로 높이 평가받는다. 그녀는 아이는 단순히 '미성숙한 존재'가 아니라 어른으로 성장해 가는 존재로서, 자신과 다른 '온전한 인격체'로 존중해야 한다고 강조했다. 또한 아이는 엄마의 뱃속에서부터 어른의 말을 듣고, 갈등의 기운까지 직관적으로 감지할 수 있다고 했다. 그래서 아이에게 무엇이든 설명하는 것은 무척 중요하다. 이것은 아이에게 동등한 인격체로서 존중받고 있다는 인식을 주기 때문이다.

돌토의 생각은 한국의 젊은 부모들, 특히 MZ세대 엄마들에게도 많은 공감을 받고 있다. 희생과 인내만을 강요받던 과거의 모성애 강박증에서 벗어나, 아이를 하나의 인격체로 존중하고, 말이 통하는 부모가 되고자 한다. 이런 엄마들은 자녀들에게 친절하게 설명한다. 손님이 오기 전, 아이에게 미리 말해주는 일, 초인종이 울리기 전에 "문이 곧 열릴 거야"라고 알려주는 일, 그 작은 설명 속에 아이는 자신이 존중받고 있다는 느낌을 받는다. 엄마는 그것을 교육이라 말하지만 아이는 사랑과 존중이라고 받아들인다. 설명은 훈육의 도구가 아니라, 아이와 부모가 함께 세계를 이해하는 가장 따뜻한 방식이다.

그렇다면, 아이는 언제부터 설명을 이해할 수 있을까? 많은 부모가 "아직 어려서 몰라요"라고 말하곤 하지만, 아이의 이해력은 우리가 생각하는 것보다 훨씬 더 이르고, 더 깊이 시작된다. 프랑수아즈 돌토는 말한다. "태아조차도 어른들의 대화를 '엿듣기' 시작한다"고. 말의 의미까지는 몰라도, 목소리의 감정, 말투의 분위기, 그 안에 담긴 긴장과 기쁨은 이미 아기의 감각에 새겨진다. 생후 수개월이 지나면, 아이는 단어 하나하나를 해독하진 못 해도 '설명받고 있다'는 상황

자체를 감지한다. 특히 부모의 따뜻한 눈빛, 부드러운 손짓,
반복적으로 들려주는 말 한마디는 아이의 마음에 신뢰를
쌓는다.

아이는 설명을 통해 부모와 함께 세상을 본다

프랑스의 아동 교육자 나탈리 로카유도는 18개월에서 4세
사이의 아이들에게는 단지 "이렇게 해"라고 정해주는 것에
그치지 말고, 왜 그렇게 해야 하는지를 반드시 설명해 주어야
한다고 강조한다. 아이는 이해할 수 없는 명령 앞에서
당혹감을 느끼고, 때로 반항이나 두려움으로 표출한다.
반대로 규칙의 이유를 들은 아이는 "엄마는 나를 혼내려는
것이 아니라 보호하려는 거구나"라는 메시지를 읽는다.
그렇게 설명을 들은 아이는 어른의 말을 신뢰할 수 있다.
그 권위가 억압이 아닌 안전을 위한 것임을 깨닫게 된다.
권위는 설명을 통해 두려움이 아니라 안정을 주는 울타리로
다가온다.

아이에게 다가올 일을 미리 알려주는 것도 설명의 한 방식이다. "잠시 후 장난감을 정리할 시간이야.", "곧 손님이 올 거야"라는 간단한 예고는, 아이에게 부모는 함께 걷는 사람이라는 신호를 보내는 것이다. 알려주어 미리 알고 있으면 아이는 방황하지 않는다. 특히 아이는 갑작스러운 변화를 참기 힘들어한다. 상황을 미리 말해주는 것은 아이가 마음의 준비를 할 수 있도록 돕고, 부모가 정해놓은 일정이나 규칙을 아이 스스로 존중할 수 있게 만든다. 설명은 예고이고, 예고는 신뢰를 쌓아간다.

어른들은 대부분 아이가 당연히 알 것이라고 생각하고 설명을 생략하곤 한다. 그러나 아이는 '당연한 일'이라도 혼자서 척척 해내지 못한다. 무엇이 옳은 행동인지, 언제 끝나야 하는지, 어디까지가 허용되는지를 아이는 경험 속에서 조금씩 배워가는 중이다. 그러니 아이가 하지 못했을 때 야단치기보다는, 왜 그런 규칙이 필요한지, 어떻게 하면 더 잘할 수 있는지를 차분히 말해주는 것이 필요하다. 설명은 아이를 더 나은 방향으로 이끄는 지시이자, 아이와 함께 길을 찾는 동행의 언어다.

설명하지 않는 것은 통제다

설명이 없는 훈육은 아이의 존재감을 무시하는 것이다. 설명 없이 강한 단어로 명령하는 것은 한 번에 아이를 통제하는 듯하지만 아이는 그 명령을 들을 때마다 자존감은 무너져 간다. "하지 마", "안 돼", "조용히 해" 같은 말은 행동을 멈추게 할 수는 있지만 왜 멈춰야 하는지를 알려주지 않는다면, 아이는 상황의 맥락을 이해하지 못한 채 그저 기계적으로 따를 뿐이다. 이유를 설명받지 못한 금지는 무의미한 억압처럼 느껴진다. 결국 아이는 어른의 말을 경계하거나, 반대로 무조건 복종하며 스스로 판단하는 힘을 잃게 된다.

설명하지 않으면 자연스러운 감정의 흐름도 막는다. 설명을 들으면 아이는 감정적으로 안정감을 누리며 이해하고 스스로 조절하려 한다. 하지만 설명을 듣지 못하면 자신의 감정을 부정하거나 억누르게 된다. 아이는 이유를 모른 채 혼나고, 억울함을 표현할 적당한 언어도 찾을 수 없다. 자신이 가지는 감정이 혼란스럽다. 시간이 지나면 그 감정은 울음이나 분노, 떼쓰기, 혹은 극단적인 침묵으로 표출된다. 설명 없이 순종하면 때로는 '착한 아이'처럼 보이지만, 그것은 감정의 억제가 만든 일시적인 순응일 뿐이다. 설명받지 못한 감정은 아이의 마음속에 그대로 남아 정서 발달을 가로막는 걸림돌이 된다.

설명이 없으면 부모와의 관계는 점차 멀어진다. 설명 없는 훈육이 반복될수록 아이는 부모의 말에 의문을 품지 않게 된다. 하지만 동시에 마음도 닫혀간다. 아이는 왜 그런 결정을 내려야 하는지, 왜 행동을 바꿔야 하는지를 모른 채 따라야 하므로 자신이 존중받지 않는다고 느낀다. 이런 반복은 아이의 자존감을 약화시키고 스스로 생각하고 결정하는 힘을 빼앗는다. 설명은 단순히 훈육의 기술이 아니다. 아이를 독립적인 존재로 세워주는 언어다. 설명이 빠진 자리는 통제는 남고 관계는 깨진다.

① 아이의 눈높이에 맞는 언어를 사용한다.

설명의 시작은 '어려운 말'이 아니라 '이해 가능한 말'에서 출발한다. 아이들은 복잡한 논리를 따라가기 어렵기 때문에, 부모는 말의 구조를 단순화하고 구체적으로 말해야 한다. 예를 들어, "이건 공공질서야"라고 말하는 대신, "이곳은 많은 사람이 같이 쓰는 곳이니까 조용히 해야 해"라고 말하면 훨씬 효과적이다. 개념이 아닌 상황 중심으로, 추상어보다는 구체적인 행동 언어로 말하는 것이 핵심이다. 설명은 이해를 위한 것이지 부모의 지식을 증명하기 위한 것이 아니다.

② 말투와 목소리는 내용만큼 중요하다.

같은 말을 해도, 그것이 다정한 목소리로 말해졌는지, 날카로운 말투로 던져졌는지에 따라 아이의 반응은 전혀 달라진다. 프랑스 부모들은 감정을 통제하며 설명하려 노력한다. "그렇게 하면 안 돼!"가 아니라, "그렇게 하면 친구가 놀랄 수 있어. 우리 다시 해볼까?"처럼 말의 어조와 분위기를 바꾸면 아이는 위협이 아니라 배려를 느낀다.

아이는 논리보다 감정에 먼저 반응한다. 그러므로 목소리의 느낌은 설명의 반이다.

③ 먼저 아이의 마음에 귀 기울인다, 그리고 말한다.

설명은 대화의 형식을 갖출 때 비로소 의미를 얻는다. 부모가 먼저 말하기보다, 아이의 마음의 소리를 들어주고 반응을 읽어내는 것이 중요하다. 아이가 장난감을 던졌을 때, "왜 그랬니?" 하고 묻는 대신, "무언가 속상했구나. 무슨 일이 있었어?"라고 접근하면 부모는 아이 편에 서서 이야기를 듣는 것이다. 아이 편에 서 있는 것을 아이가 확인하면 아이는 당신의 편에 서서 당신을 이해하려고 한다. 그때부터 설명은 설득이 된다.

④ 아이와 '같은 쪽'에서 말한다.

설명은 권위적인 선포가 아니라 함께 길을 찾는 과정이다. "엄마가 말했잖아"가 아니라, "우리 어떻게 하면 좋을까?" 처럼 문제에 같이 접근하는 태도는 아이를 협력자로 만든다. 프랑스의 부모들은 아이를 통제하기보다 선택할 수 있는 기회를 준다. 예컨대, "이제 잘 시간이야" 대신 "이제는 몸이

쉴 시간이야. 우리 책에서 글 하나 읽고 자자"라는 식이다.
명령 대신 동행의 말이 아이의 마음을 연다.

⑤ 설명에는 일관성과 반복이 필요하다.

설명은 한 번으로 끝나는 행위가 아니다. 아이들은 익숙한
말을 통해 세계의 구조를 받아들인다. "밥 먹고 나면 이를
닦는 거야", "약속한 시간엔 정리하는 거야" 같은 설명은
반복될수록 생활의 리듬이 된다. 오늘은 통했지만 내일은
통하지 않을 수 있다. 그러나 아이는 반복된 설명 안에서
점차 행동의 의미를 체득하고, 규칙을 내면화해간다. 부모가
흔들리지 않는 태도로 같은 말을 되풀이할 때, 그 말은
단순한 설명을 넘어 아이의 삶을 지탱하는 문장이 된다.

설명은 아이가 세상을 이해할 수 있도록 언어의 다리를
놓아주는 일이다. 아이에게 설명한다는 것은 아이가 세상을
이해할 수 있도록 언어의 다리를 놓아주는 일이다. 설명하는
말의 내용에 앞서, 부모가 보여주는 눈빛과 태도는 설명을
더욱 신뢰하게 만든다. 아이는 부모의 친절하게 설명하는
말을 통해 자신이 존중받고 있다고 느끼기 때문이다.

아이가 부모를 신뢰하고 자신이 존중받고 있다고 느끼면
부모의 설명은 명령이 아니라 따르고 싶은 설득이 된다.
반면, 설명하지 않고 일방적으로 명령을 하면 부모의 힘에
통제당한다고 느낀다. 그러므로 설명하기에 앞서 아이를
존중하는 마음과 친절이 담긴 설명의 마음이 필요하다.
존중하는 마음으로 친절하게 하는 설명을 통해 아이는
세상을 따뜻하게 이해한다. 그리고 부모와 같은 방향을 보고
부모의 손을 잡고 걸어가고 싶은 마음을 가진다.

IV
프랑스 교육은 생각하는 힘을 키운다

15장

프랑스 교육은 정답이 아닌 '왜 그렇게 생각하는지'를 찾는다

아이가 그렇게 행동하는 데는 다 이유가 있다. 우선 우리는 아이에게 "왜 그렇게 했니?"라고 진심으로 물어야 한다. 아이의 생각을 물어보는 순간 대화로 아이의 마음의 문을 열 수 있다. 프랑스 교육은 아이의 행동 이면에 있는 생각을 읽는 것을 중시한다. 진짜 교육은 판에 박힌 정답을 가르치는 것이 아니라, 아이가 스스로 생각하고 표현하는 과정을 통해 '생각하는 힘'을 키우는 것이다. 그래서 프랑스 교육은 '정답'보다 '사유'를 중요하게 여긴다.

한 유치원 교실. 네 살배기 마티유가 자꾸만 줄을 서지 않고 교실 한쪽에서 혼자 놀고 있었다. 교사는 아이에게 다가가 조용히 물었다.

"마티유, 너는 왜 줄을 서고 싶지 않니?"

아이는 잠시 망설이다가 대답했다.

"내가 뒤에 서면 아무것도 안 보여서 무서워요."

그 말을 들은 교사는 고개를 끄덕이며 말했다.

"그랬구나. 다음엔 앞쪽에 서 보자. 그러면 덜 무서울 거야."

마티유는 자신의 마음을 말했고, 교사는 그 마음을 이해해 주었다. 그렇게 자연스럽게 문제가 해결되었다.

프랑스의 교사는 아이가 어려움을 표하거나 문제가 있으면 "왜?" 그런지 이유를 묻는다. 이 질문은 아이의 마음의 문을 열고 싶어 하는 선생님의 조심스러운 노크다. 아이가 왜 그런 행동을 했는지를 묻고 그 마음을 읽어야 아이의 행동을 이해할 수 있다. "왜?"라고 묻지 않으면 그 이유를 정확하게 알 수 없어 교사는 자기 생각대로 평가하고 판단할 뿐이다.

프랑스 교육의 핵심은 단순히 행동의 표면만 보고 판단하지 않는다. 그 행동을 유발한 원인과 동기를 찾아내려 한다. 동기를 묻는다는 건 아이를 온전한 인격으로 존중한다는 의미다. 섣부른 판단을 하지 않고 먼저 아이의 마음을 들여다보며 이해하려고 할 때, 아이의 생각 보따리는 더욱 커진다.

프랑수아즈 돌토Françoise Dolto는 "특별한 반응을 보이는 아이는 언제나 그럴 만한 이유가 있다. 무슨 일이 있는지 이해하는 것이 우리의 임무다"라고 말했다. 즉, 신체로 나타나는 대부분의 행동 아래에는 드러나지 않는 심리적 요인이 있다는 것이다. 잘못된 행동을 했다고 잘못된 아이라고 함부로 판단해서는 안 된다. 아이는 자신이 한 행동에 이유를 물어오면 왜 그렇게 했는지를 설명할 수 있다. 교사와 부모는 그 이유를 알려고 해야 한다. 자세를 낮추어 묻는 "왜?, 그래서?"라는 이 짧은 대화 속에는 통제나 위협이 없고 아이를 이해하고 존중하려는 감정이 담겨있기 때문에 이를 통해 아이는 행동 아래에 숨겨져 있는 마음의 생각과 감정을 말 할 수 있게 되는 것이다.

프랑스 교육은 정답보다 과정을 중요하게 여긴다. 이것은 프랑스 교육의 중요한 축이다. 프랑스 교실에서는 문제를 풀 때 정답을 맞히는 것만으로는 높은 평가를 받기 어렵다. 교사는 아이가 어떤 방식으로 사고했고, 어떻게 답에 접근했는지를 함께 들여다본다. 특히 수학이나 과학, 철학 수업에서는 이런 태도가 더욱 분명하게 드러난다. 예를 들어, 수학 문제의 정답이 틀렸더라도 풀이 과정이 논리적이라면 높은 점수를 받을 수 있다. 아이의 머릿속으로 이어지는 생각의 흐름을 중요하게 여기는 것이다. 그 생각의 흐름을 논리적으로 설명해 낸다면 훌륭하다고 생각한다.

교사는 단순한 정답 감별사가 아니다. 아이의 사유 여정을 동행하는 안내자에 가깝다. 단순히 맞고 틀림을 판가름하는 것이 아니라, 왜 틀렸는지 이유를 찾고 어디까지 생각했는지를 파악한다. 답이 틀렸다는 사실보다 그 아이가 무엇을 이해했고 어디에서 잠시 길을 잃었는지를 함께 찾아가는 것이 훨씬 중요하다. 이것은 학생들이 자신의 생각을 확장하고 탐구의 즐거움을 갖는데 큰 힘이 된다. 이런 교육을 받은 아이는 실수를 두려워하지 않는다. 우리 교육 현장에서 실수는 흔히 실패로 간주되지만, 프랑스 교실에서는 실수가 곧 탐색의 기회다. 실수는 재도전의 기회이며, 정답은 그 여정이 마무리되는 종착지일 뿐이다.

아이들은 때때로 엉뚱한 길로 들어서기도 한다. 하지만 그 엉뚱함 속에서 창의력이 싹튼다. 아이는 그의 엉뚱함이 인정받을 때, 다른 사람이 생각하지 못하는 것을 생각하고 새로운 도전을 주저하지 않는다. 여행의 목적은 정해진 목적지에 도달하는 게 아니라 여행의 과정에서 귀한 경험을 얻는 것이다. 교육도 이와 같다. 프랑스 교육은 아이의 손을 잡고 그 여정을 함께 걷는다. 눈에 보이는 정답보다 눈에 보이지 않는 생각의 흐름에 더 오래 머문다. 아이는 정해진 답을 맞춰서 좋아하는 것이 아니라 생각하고 실수하고 다시 생각하는 여정 그 자체를 즐기고 좋아한다.

프랑스 교육은 스스로 생각하고,
생각을 논리적으로 표현하는 법을 배운다

프랑스 교육은 아이가 스스로 생각하고, 그 생각을 말로 표현하는 법을 가르친다. 정답을 맞히는 것보다 중요한 건, 그 아이가 어떤 관점에서 출발했고 어떤 논리로 그 결론에 도달했는가 하는 점이다. 질문이 교실의 중심에 있다. 교사는 아이에게 끊임없이 묻는다. "너는 어떻게 생각하니?", "왜 그렇게 판단했어?" 아이는 그 질문에 답하기 위해 자신의 생각을 정리하고, 말로 풀어내야 한다. 생각하고 말하는 이 훈련은 프랑스 교육이 가장 중요하게 여기는 배움이다.

논술과 토론은 고등학교에서만 시작되는 것이 아니다. 초등학교 때부터 아이들은 자기 생각을 글로 쓰고, 친구들과 다른 견해를 나눈다. 국어 시간에 하나의 동화를 읽고 다양한 해석을 나누거나, 철학 수업 시간에 '우정이란 무엇인가?'를 주제로 자유롭게 이야기한다. 이때 중요한 것은 맞고 틀림이 아니다. 다른 사람의 견해를 이기는 것도 아니다. 먼저 자신의 생각을 논리적으로 풀어내는 것이 중요하다. 그리고 타인의 의견을 들으며 다시 자신의 사고를 조정해 나갈 수 있어야 한다.

이러한 교육 방식은 아이에게 자기 생각을 표현할 수 있는 용기를 준다. 틀려도 괜찮다는 분위기, 어떤 질문도 가능한 공간, 서로의 이야기에 귀 기울이는 태도. 이 안에서 아이는 말하기를 두려워하지 않는다. 자기 생각을 자신 있게 말할 수 있다. 아이가 자기 생각이 존중받는다는 경험을 하면 아이는 더 깊고 더 넓게 사고한다. 프랑스 교실은 정답을 말하는 공간이 아니다. 생각하고 질문하고, 그 질문에 누구나 대답할 수 있는 철학자들의 작업실이다.

질문할 수 있는 용기와 사고의 자유를 주라

프랑스 교육은 아이의 말에 귀 기울이는 것에서부터 시작해 생각을 묻고 실수를 허락하며, 질문이 숨 쉬는 교실을 만들어간다. 교사는 정답의 감별사가 아닌 사유의 동행자이다. 교실은 생각하는 아이들이 모여있는 철학자의 작업실이다. '왜 그렇게 생각했니?'라는 질문은 아이가 지식을 탐색하고 표현할 수 있는 힘을 길러준다. 정답을 맞히는 것은 그렇게 중요하지 않다. 스스로 생각하고 실수하며 다시 생각하는 과정 자체를 즐기는 배움이 더 중요하다.

반면 한국 교육은 여전히 정답 중심, 성적 중심의 구조 안에 머물러 있다. 아이의 생각보다 결과가 우선이고, 질문보다는 암기가, 토론을 하더라도 상대방을 이기려고 애쓴다. 교사의 역할은 사유의 안내자가 아닌 정답의 감별사다. 교실은 생각을 키우는 공간이 아닌 경쟁의 공간이다. 이로 인해 아이들은 점점 자기 생각을 말하는 데 주저하고 다수의 생각이 무엇인지 먼저 살핀다. 배움이 주는 즐거움은 요원해지고 배움은 짐이 된다.

아이에게 "왜 그렇게 생각했니?"라고 물을 수 있는 교사, 답이 틀리더라도 과정이 논리적이면 점수를 받을 수 있는 평가, 질문을 주저 없이 하고 질문에 정답을 말하지 못해도 부끄럽지 않은 교실 분위기, 이런 학교를 꿈꾼다. 실수가 새로운 시작이 되고 서로 다른 생각을 존중하며, 다양한 길을 인정하는 교육, 이것이 아이를 사람답게 키우는 길이다. 정답만을 향해 달리게 하지 말고, 질문할 수 있는 용기와 사고의 자유를 주자. 프랑스의 교실처럼, 우리 교실도 아이들이 실수하고 실패하면서 더 튼튼하게 자라는 행복한 교실이 되기를 소원해 본다.

16장

프랑스 교육은 경쟁이 없다

프랑스 파리 근교의 한 공립 초등학교 과학 시간. 아이들은 둘씩 짝을 지어 바닥에 앉아 있다. 선생님이 오늘 실험을 안내한다.

"이번에는 함께 실험하는 시간이에요. 실험을 마친 다음엔 친구에게 과정을 설명해 주세요."

누가 먼저 성공했는지, 누가 더 잘하는지는 전혀 중요하지 않다. 교사는 교실을 돌며 말한다.

"서로서로 도와주는 모습이 정말 좋구나."

"실험 과정을 친구에게 설명할 수 있다는 건 네가 잘

이해했다는 거야."

프랑스 교육은 등수도, 상장도 없다. 그래서 경쟁하지 않는다

프랑스의 교육은 경쟁을 시켜 우열을 가리지 않는다. 서로 협력하고 함께 살아가는 법을 배운다. 그래서 학생들이 받는 성적표에는 등수가 없다. 남과 비교하여 자신의 능력을 판단할 필요가 없기 때문이다. 아이는 어제의 나와 비교하여 조금 더 나은 방향으로 가는 것이 중요하다. 각자의 속도에 맞춰 배우며 자란다. '더 잘해야 한다'는 강박감에 시달리지 않는다. 교실은 생존하기 위해 남을 무너뜨리고 내가 살아남으려는 밀림이 아니다. 각자의 걸음으로 서로 돕고 배우는 다양한 꽃과 나무로 어우러진 정원이다.

교사들은 아이의 학업 능력을 최우선으로 보지 않는다. 아이의 태도, 노력하는 과정, 친구와의 관계 같은 전인적 성장을 관찰한다. 우리가 흔히 받는 상장이 거의 없다. 글쓰기 대회, 사생 대회, 노래 대회 등 서로 우열을 다투며 경쟁하는 각종 대회도 없다. 상을 주더라도 공동체를 위한 행동이나 성실함을 격려하는 수준이다. 평가는 성취한 결과보다 깨달아가는 여정을 중시한다. 아이들이 서로를 경쟁자가 아닌 같이 문제를 해결하는 동료로 인식하니 교실 안에는 자연스럽게 협동과 우정이 자란다. 이것이 어울려 살 수 있는 가장 좋은 방법임을 그들은 안다.

프랑스는 경쟁시키지 않고 공동체의 가치를 전수한다

프랑스 교육은 서로의 경쟁을 지양한다. 첫 번째 이유는, 인간을 점수로 줄 세우는 방식이 교육의 본질을 훼손한다고 보기 때문이다. 프랑스는 아이를 하나의 독립된 인격체로 바라보며, 자기 나름의 성장의 걸음과 잠재력을 지닌 존재로 존중한다. 교육은 각자의 성장과 변화의 과정을 돕고 응원하는 것이다. 아이들 간의 비교보다는, 아이 스스로 얼마나 자랐는지를 살피는 것이 중요하다. 프랑스 교육은 공동체 속에서 자기 혼자 우뚝 서는 것이 아니라 함께 자라는 것을 목표로 삼는다.

두 번째 이유는, 교실은 민주주의 훈련장이기 때문이다. 프랑스는 공교육을 통해 아이들이 평등, 자유, 연대의 가치를 내면화하기를 바란다. 줄을 세우고 승자와 패자를 나누는 교육은 프랑스가 지향하는 민주주의의 철학과 다르다. 교실은 작은 사회이고, 그 안에서 아이들은 다양한 의견을 듣고, 타인의 입장을 고려하고, 갈등을 조정하는 법을 배운다. 이런 과정을 통해 프랑스가 지향하는 공화국의 가치를 배우고, 아이들은 미래의 시민으로 성장한다. 이런 가치의 전수는 경쟁이 아니라 협력과 대화에 기반한 교육에서 효과적으로 이루어진다.

마지막으로, 프랑스는 학습의 즐거움과 내적 동기를 중요하게 생각한다. 교육은 좋은 성적을 얻는 것이 목적이 아니다. 자신과 이웃과 세계를 알아가고 이해하며 함께 살아가는 법을 배우는 과정이다. 아이들이 질문하고 탐구하고 그러다 실수도 하는 여유 속에서 진정한 배움이 일어난다. 경쟁은 여유를 앗아가고, 실수를 두려움으로 만들며, 아이의 창의성과 주도성을 위축시킨다. 그렇기에 프랑스 교육은 아이가 자기 속도로, 자기 방식으로 배우며 성장할 수 있는 환경을 만드는 데 집중한다.

경쟁 교육은 아이 마음을 멍들게 한다

경쟁은 아이의 자기 존중감을 해친다. 경쟁을 통해 서로 비교하는 구조 안에서는 아이가 아무리 노력해도 '누군가보다 못한 나'로 인식되기 쉽다. 오스트리아의 정신과 의사이자 개인심리학의 창시자인 알프레드 아들러는 "모든 인간의 불안은 비교에서 비롯된다"고 말했다. 자신을 다른 사람과 비교할 때 열등감이 생기며, 이는 삶의 만족감을 현저히 떨어뜨리고 정신 건강에도 심각한 해를 끼친다고 설명한다. 경쟁은 자아의 안정감을 흔든다. 실수와 실패를 두려워하는 아이로 만들어 자신감을 떨어뜨린다. 특히 초등학생처럼 자아 정체성이 형성되는 시기의 아이들에게는 타인의 평가가 자기 가치가 된다. 경쟁에서 얻는 칭찬은 중독이 되고, 실수는 곧 자기 부정으로 연결된다.

둘째, 경쟁은 협동을 막는다. 경쟁을 하면 친구는 함께 배우는 동료가 아니다. 짓눌러야 하는 대상이다. 미국의 교육학자 알피 콘Alfie Kohn은 "경쟁이 있는 곳에 진정한 협력은 존재할 수 없다"고 단언했다. 아이들은 서로 도와주는 대신, 자신의 성적을 지키기 위해 경쟁자와 거리를 둔다. 교실의 분위기는 따뜻함보다 긴장감으로 채워진다. 경쟁이 심화할수록 친구의 실패는 나의 성공이 되어 친구의 실수를 바란다. 자신의 것을 나누는 것은 선이 아니라 손해가 된다. 이런 환경에서는 진정한 배려나 연대를 경험하기 어렵다.

셋째, 경쟁 중심의 교육은 내적 동기를 파괴한다. 미국 스탠퍼드대학교 심리학 교수인 캐롤 드웩Carol Dweck의 '성장 마인드셋' 이론에 따르면, 아이는 실패를 통해서도 배울 수 있어야 하는데 경쟁은 실패를 낙오로 인식하게 한다. 결과를 중요하게 여기는 환경에서는 아이가 질문을 꺼리고, 도전을 피하며, 결국 '안전한 선택'만을 한다. 이는 아이의 창의성과 자율성의 성장을 가로막는다. 더 나아가 학습 자체의 즐거움을 앗아가고, 공부는 오직 점수를 위한 수단으로 전락한다. 학습에 대한 지속적인 흥미와 몰입은 사라진다.

경쟁이 사라졌을 때 가장 먼저 피어나는 것은 '자기 신뢰'다. 아이는 더 이상 다른 사람의 평가나 등수에 휘둘리지 않아도 된다. 자신의 속도와 방식으로 성장할 수 있다. 아이는 자신을 바라보는 눈이 한결 여유로워 자신의 성장에 더욱 초점을 맞출 수 있다. 설령 실패한다 해도 다시 도전하는 힘을 기를 수 있다. 점수에 의해 자신의 등급이 매겨지지 않는 교실에서는 아이의 눈빛이 다르다. 주눅 들지 않고 배움에 대한 호기심을 가지고 배움의 자리에 앉을 수 있다.

둘째, 경쟁 없는 교실에서는 우정이 자란다. 친구는 이겨야 할 대상이 아니라, 함께 배우고 돕는 협력자다. 실수를 비웃는 대신 함께 고치고, 잘하는 친구를 시기하는 대신 어깨동무하며 서로 배울 수 있다. 이는 자연스럽게 아이들 사이의 연대감을 키우고, 사회성을 향상시킨다. 교실은 친구와 함께 서로의 성장을 기뻐하는 공동체가 된다. 협력 속에서 배우는 아이는 미래 사회에서도 타인을 경쟁자가 아닌 동료로 받아들인다.

셋째, 경쟁이 없을 때 아이는 배움 자체를 즐긴다. 공부는 더 이상 점수를 위한 수단이 아니다. 세상과 자신을 알아가는 발견의 보물창고다. 경쟁이 없는 교실에서 아이는 질문하고, 탐색하고, 도전할 수 있는 여유를 누린다. 그 과정에서 얻는 기쁨은 외부가 주는 칭찬이나 보상이 아니다. 스스로 느끼는 배움의 만족감이 충분한 보상이 된다. 이런 경험은 사람이 평생 배우고 익히며 살아갈 동력이 된다. 경쟁 없는 배움에서 얻는 즐거움은 평생 배움을 멈추지 않고 살아갈 동력이다.

경쟁을 줄이고 협동을 강조하는 교육이 필요하다

한국의 많은 교실은 여전히 등수와 성적이 중요하다. 누가 몇 등을 했는지 눈치싸움을 하고, 상장은 우등생과 열등생으로 나눈다. 이러한 구조에서는 아이의 진짜 성장을 기대하기 어렵다. 자기 자신에 대한 신뢰보다, 남보다 앞서야 한다는 불안이 자리를 잡는다. 스스로를 있는 그대로 받아들이지 못하고, 점수에 따라 감정이 요동치는 아이로 성장하게 한다. 프랑스처럼 경쟁을 줄이고 협동을 강조하는 교육은 아이가 자신을 긍정적으로 받아들이게 한다. 이는 친구를 적이 아닌 조력자로 받아들이고, 배움의 과정에서 오는 즐거움을 경험하게 한다. 실패는 낙오가 아니라 성장을 위한 (한)걸음으로 받아들여지며, 아이들은 스스로 배우는 존재로 자란다. 경쟁이 사라진 교실에서는 우정이 피어나고, 아이는 비교가 아닌 격려 속에서 자신만의 속도로 걸어갈 수 있다.

17장

'좌절 교육', 실패와 좌절을 통해서 더 강해지는 법을 배운다

"아이에게 No를 하지 않으면 아이도 No를 배우지 않기 때문에 부모에게 반항하지 않는다." 이 말은 언뜻 지혜로운 양육 철학처럼 들릴지 모르지만, 사실은 깊은 오해 위에 세워진 허상이다. 'No'를 듣지 못한 아이는 부모에게 반항하지 않는 순수하고 순한 아이가 되는 것이 아니라, 거절을 감당할 줄 모르는 사람으로 자라난다. 프랑스 교육은 아이에게 좌절을 가르치는 것을 금기시하지 않는다. 좌절은 슬픔이나 분노를 만드는 씨앗이 아니다. 잘 다듬어진 거절을 당한 경험은 자신의 욕망을 조절하고, 타인을 이해하는 데 도움이 된다. 그리고 세상을 살아갈 때 삶의 거센 바람 속에서도 중심을 잃지 않게 붙잡아 주는 심리적 든든한 뿌리가 된다.

실패는 가장 높은 곳으로 이끄는 사다리이다

심리학자 스콧 펙은 "삶은 본래 고통스럽다. 그리고 성장의 시작은 그 고통을 직면하는 것에서부터 비롯된다"고 말했다. 인간은 모든 것이 충족되는 상태에 오래 머물수록 생각이 굳어지고 상상력은 잠든다. 좌절은 그 고요한 정적의 연못 속에 불쑥 날아든 돌멩이와 같다. 자아를 깨우고 삶에 작은 파동을 일으킨다. 아이는 뜻대로 되지 않는 순간을 겪으며 자신을 돌아보고, 바깥세상과 관계 맺는 방식을 배운다. 좌절은 돌이킬 수 없고 쓸모없는 상처가 아니다. 도리어 아이의 자아가 건전하고 건강하게 자라게 돕는 자양분이다.

마이클 조던은 농구 역사상 가장 위대한 선수로 꼽힌다. 그에게도 인생을 흔든 좌절의 순간이 있었다. 고등학교

186

2학년 때 남보다 키가 작고 마른 편이라 농구부 1군 선발에서 탈락했다. 그는 자신의 방으로 들어가 이불을 뒤집어쓰고 울었다. 자기보다 실력이 부족하다고 여겼던 친구는 뽑히고 자신은 제외되었다. 자신이 열망했던 세계로부터 거절당한 첫 경험이었다. 그에겐 깊고 쓰라린 좌절이었다. 그러나 그 좌절이 그를 멈추게 하지 못했다. 그의 심장을 더 강하게 뛰게 만들었다. 다음 날 아침, 그는 다짐했다. '더는 울지 않겠다. 대신 증명하겠다.' 그날부터 조던은 매일 새벽 체육관으로 향했다. 500번의 슛을 연습하고, 팀 누구보다 먼저 도착해 가장 늦게 떠났다. 체력, 집중력, 정신력 모두가 새롭게 단련되기 시작했다.

마이클 조던이 받았던 거절은 그를 영구적으로 좌초시키는 상처가 아니었다. 행동을 바꾸는 촉매였고 더 큰 투지와 열정을 불러왔다. 1년 뒤 그는 팀의 주전이 되었다. 그때의 좌절은 그에게 앞으로의 길을 개척해나가는 힘이 되었다. NBA 슈퍼스타, 전설의 이름. 마이클 조던은 훗날 "나는 실패했고 또 실패했다. 그래서 나는 성공했다"고 말했다. 좌절은 사람을 부수는 것이 아니라 사람을 세우는 힘이다.

아이가 좌절을 경험하지 못하면, 진짜 성장의 문도 열리지 않는다. 때로는 가장 깊은 실패라고 생각했던 것이 가장 높은 곳으로 이끄는 사다리가 된다.

프랑스 부모는 아이에게 실패와 좌절을 가르친다

프랑스 엄마들은 아이들을 꽃길로만 인도하지 않는다. 때로는 돌길로, 때로는 가시밭길로도 인도한다. 실패와 좌절이라는 경험이 아이에게 독이 된다고 생각하지 않는다. 프랑스 부모들이 아이들에게 실패와 좌절을 가르치는 이유는 무엇일까?

첫째, 역설적으로 들리겠지만 좌절은 아이를 행복하게 하는 길이기 때문이다. 프랑스의 심리학자 디디에 플뢰는 "아이에게 좌절감을 주는 것이야말로 진짜 교육이다"라고 말한다. 이는 아이를 일부러 괴롭히라는 뜻이 아니다. 오히려 아이가 원하는 것을 즉각 얻지 못하고, '세상은 나만을 중심으로 돌아가지 않는다'는 사실을 받아들이는 데서 비로소

타인과 함께 살아가는 지혜와 공존의 감각이 자란다는
뜻이다. 프랑스 부모들은 좌절을 아이의 정서적 불행으로
여기지 않는다. 오히려 좌절을 겪지 못한 채 자란 아이가
훗날 작은 고난에도 무너지는 것을 '진짜 불행'으로 여긴다.

둘째, 좌절은 감정 조절 능력을 기르는 훈련장이기 때문이다.
슬픔, 분노, 실망 같은 감정은 피해야 할 것이 아니라 배워야
할 감정이다. 프랑스 교육은 아이가 이런 부정적 감정을
경험하고, 다루는 법을 익히는 것을 매우 중요하게 여긴다.
정서적 좌절을 건강하게 경험한 아이는 감정에 끌려다니지
않고, 감정을 길들이는 법을 배운다. 좌절은 감정의 면역력을
키우는 백신과 같다. 작은 갈등과 실망을 통해 아이는 마음의
균형을 잡는 법을 터득하고, 감정 안에서 스스로를 지키는
법을 익힌다.

셋째, 좌절은 실패를 견디는 힘, 즉 '심리적 회복탄력성'을
키우기 때문이다. 프랑스 교육은 아이가 어릴 때부터 작은
실패와 실망을 있는 그대로 경험하게 하여, 실패가 끝이
아니라 다시 일어서는 시작이라는 것을 체득하게 한다. 어느

아이가 넘어지지 않고 걸을 수 있으랴. '넘어지는 연습'을 충분히 한 아이는 인생의 더 큰 파도 앞에서도 중심을 잃지 않는다. 이러한 회복탄력성은 학업 성취와 대인 관계, 사회 적응력에도 깊은 영향을 미친다. 프랑스 부모는 아이에게 좌절을 허락하는 것이 냉정함이 아니라, 아이를 더 강하게 만드는 신뢰의 표현임을 안다. 아이를 위한 최고의 방패는, 그 아이가 방패 없이도 삶을 견딜 수 있도록 키워주는 일이다.

'좌절 교육'은 어린아이 때부터 사랑받는 환경에서 배워야 한다

대부분 부모는 아이가 어릴수록 더 보호해 주고 싶어 한다. 어린아이가 실망하고, 분노하고, 눈물 흘리는 모습을 보는 것이 괴롭기 때문이다. 정서 발달 전문가들은 오히려 어린아이 때가 가장 안전한 환경에서 부정적 감정을 배울 수 있는 가장 좋은 때라고 말한다. 즉 영아기와 유아기부터 사랑받는 환경에서 좌절을 천천히 경험하게 해야 한다는 말이다. 이 시기에는 아직 세상에 대한 기대치가 낮고,

부모의 품이라는 정서적 안전지대가 존재하기 때문에 좌절이라는 감정을 비교적 부드럽게 받아들일 수 있다. 예를 들어, 원하는 장난감을 바로 사 주지 않거나, 식사 전에 간식을 거절하는 것만으로도 아이는 '모든 것이 내 뜻대로 되지 않는다'라는 삶의 첫 수업을 배울 수 있다.

좌절을 너무 늦게 경험하면, 이미 확고해진 자아가 세상 벽에 부딪힐 때 감정 조절이 더 어려워진다. 프랑스 부모들은 아이가 말귀를 알아듣는 아주 이른 시기부터 "지금은 안 돼", "이건 네가 원하는 대로 되지 않을 거야"라고 분명하게 경계를 설정한다. 그것은 무정한 통제가 아니다. 아이가 세상과 조화롭게 살아가기 위한 정서적 근육을 길러주는 일이다. 좌절은 늦게 가르칠수록 더 아프게 다가오고 충격이 심하다. 일찍 배운 좌절은 오히려 더 부드럽고 단단한 사람이 되는 디딤돌이 된다.

'좌절 교육'의 시작점은 아이의 욕구가 늘, 즉시 충족되지 않는다는 현실을 알려주는 것이다. 부모는 아이가 울거나 떼를 쓸 때 "안 돼"라고 말하는 것이 마치 아이의 마음을 꺾는 일처럼 느껴질 수 있다. 그러나 '안 된다'는 말을 들을 기회조차 없이 자란 아이는 세상의 거절 앞에서 속수무책으로 무너질 가능성이 높다. 프랑스 부모들은 아주 어릴 때부터 "이건 지금은 안 되는 일이야.", "이건 너 혼자서 해결해야 해"라는 말을 통해 아이에게 분명한 거절의 뜻을 전한다. 이러한 경험을 통해 아이는 자신의 뜻이 좌절되는 순간의 감정을 조절하고, 욕망을 제어하는 방법을 터득한다. 아이는 좌절을 통해 자신의 한계를 알고 현실의 삶을 배우고 대처하는 방법을 깨닫는다.

좌절을 가르칠 때 중요한 것은 감정은 표현하되 감정대로 행동하지 않게 해야 한다. 부모는 아이가 실망하거나 분노할 때 그 감정을 무시하거나 억압하려 해서는 안 된다. 대신 "화가 나는구나, 속상하지. 하지만 지금은 이렇게 해야

해”라고 말하며 감정을 인정하면서도 상황을 설명해 주는 것이 좋다. 감정을 표현할 수 있게 허용하는 동시에, 감정대로 행동하지 않도록 하는 것이 ‘좌절 교육’의 핵심이다. 프랑스 교육이 강조하는 바도 이것이다. 부정적 감정을 피하게 하지 않고, 오히려 그 감정을 스스로 조절하는 법을 배우게 하는 것이다. 감정을 견디는 힘이 자라면, 아이는 작은 일에 크게 무너지지 않는다.

이 과정에서 가장 중요한 기술 중 하나는 칭찬의 방식이다. 아이에게 어떤 말을 해주느냐에 따라 좌절 이후의 반응은 극명하게 달라진다. 심리학자 캐롤 드웩Carol Dweck의 유명한 실험은 이를 뚜렷이 보여준다. 그녀는 초등학생 5학년 400명을 대상으로 두 그룹으로 나누어 쉬운 문제를 풀게 했다. A그룹에는 “넌 정말 똑똑하구나”라고 능력 중심의 칭찬을, B그룹에는 “넌 정말 열심히 했구나”라고 노력 중심의 칭찬을 하였다. 이후 어려운 과제를 주었을 때, ‘똑똑하다는 칭찬’을 받은 아이들은 실패를 자신이 똑똑하지 않다는 증거로 생각하고 어려운 도전을 회피했다. 반면 ‘열심히 했다는 칭찬’을 받은 아이들은 실패를 더 열심히 해야

할 신호로 받아들이고 끝까지 문제를 해결하려는 태도를
보였다. 이는 '좌절 교육'은 '실패하게 두는 것'이 아니다.
실패를 해석할 수 있는 능력을 키워주는 것으로 이것은
부모가 무엇을, 어떻게 칭찬하고 바라보느냐가 중요하다.

좌절을 견디게 하는 사랑이 필요하다

우리 사회는 아이의 자존감을 보호한다는 이름으로,
좌절이나 거절을 경험시키지 않으려 한다. "아직 어려서",
"마음이 상할까 봐"라는 이유로 싫은 소리를 피하고, 실패를
실망으로 연결시키지 않으려 한다. 때로는 게임을 져주고,
평가에서 지나치게 격려하며, 아이가 부정적인 감정을
느끼지 않도록 돕는다. 그런 보호는 결국 아이로 하여금
'아니오'를 감당하지 못하는 어른으로 성장하게 만든다. 감정
조절을 배우지 못한 아이는 좌절 앞에서 쉽게 분노하거나
회피하고, 관계에서도 작은 갈등조차 견디지 못한다. 좌절을
주지 않는 양육은 사랑이 아니라 회피이며, 아이의 내면을
단단하게 만들어주지 못한다는 점에서 오히려 위험하다.

프랑스는 좌절을 교육의 일부로 받아들이는 문화다. "아이는 세상이 나만의 공간이 아님을 배워야 한다"는 인식 아래, 프랑스 부모들은 어릴 때부터 아이에게 거절을 경험하게 하고, 감정을 억누르지 않되 조절할 수 있도록 돕는다. 교사는 아이의 실패를 야단치기보다 학습의 기회로 삼고, 칭찬은 결과보다 노력에 집중한다. 그들은 아이가 혼자서 문제를 해결하도록 기다려주며, '넘어져도 다시 일어날 수 있다'는 신뢰를 심어준다. 아이를 보호하는 것은 '아무 일도 일어나지 않게 해주는 것'이 아니다. '무언가 일어나도 스스로 회복할 수 있는 힘을 길러주는 것'이다. 좌절을 경험한 아이는 더 강한 사람으로 자란다. 지금 우리에게 필요한 것은 좌절을 피하게 하는 사랑이 아니라, 좌절을 견디게 하는 사랑이다.

18장

프랑스 부모는 아이에게
'기다려'라고 말하며 인내심을 키운다

외국에서 가족 여행을 하던 중이었다. 차에 올라 얼마 지나지 않아 세 살배기 아이가 목이 마르다고 말했다. 마침 준비한 물은 없었고, 도착지까지는 아직 두 시간 넘게 남아 있었다. 가는 길은 한적했고, 물을 구할 만한 곳은 나타날 기미가 없었다. 아이는 물을 마시기 위해 두 시간을 기다려야 했다. 나는 아이의 시선을 목마름에서 다른 곳으로 돌리기 위해 게임을 하고, 이야기를 들려주며 시간을 함께 보냈다. 아이는 울거나 떼를 쓰지 않고, 끝까지 잘 참아주었다. 세 살 아이가 보여준 기다림의 힘은 함께한 다른 사람들에게도 깊은 인상을 주었다.

기다림은 자기의 욕구를 조절하는 힘을 키운다

아이의 미래를 결정짓는 중요한 요소 중의 하나는 '지금 무엇을 갖고 있느냐'가 아니라, '얼마나 기다릴 수 있느냐'에 달려 있다. 기다림은 단순히 시간을 흘려보내는 것이 아니라 욕망을 조절하고 감정을 다스리는 훈련이다. 이 능력은 성숙을 이끌고 더 큰 선택과 성취를 가능하게 한다. 기다릴 줄 아는 아이는 순간의 쾌락을 넘어 더 나은 미래를 선택할 줄 안다. 기다림을 배운 아이는 충동에 쉽게 흔들리지 않는다. 삶을 조급하게 살지도 않는다. 아이가 기다리는 법을 배우면 부모는 덜 지친다. 교사는 아이를 믿을 수 있다. 아이는 자기 내면의 힘을 신뢰하며 스스로 만족한다. 기다림을 배운다는 것은, 아이 혼자만이 아니라 모두가 함께 성숙해지는 길이다. 그런 아이가 결국 더 멀리 간다.

기다림은 마음속에서 일어나는 욕구와 충동을 스스로

조절하는 능력이다. 심리학에서는 이를 '자기 통제력'이라고 부르는데, 하고 싶은 걸 바로 하지 않고 스스로 멈출 수 있는 힘이다. 기다림이 주는 또 하나 중요한 능력은 '만족 지연 능력'이다. 지금 당장 받고 싶은 보상을 조금 뒤로 미루고, 더 나은 결과를 기다릴 수 있는 힘이다. 연구에 따르면 이런 능력을 가진 아이일수록 학교 공부도 더 잘 따라가고, 친구들과도 잘 지내며, 감정도 건강하게 표현할 수 있는 것으로 밝혀졌다.

기다림은 아이가 성장하는 데 꼭 필요한 마음의 근육이다. 기다릴 줄 아는 아이는 단순히 참을성이 많은 것이 아니라, 미래를 그려보는 힘을 가졌다. 지금의 욕구가 전부가 아니라는 걸 안다. 그래서 감정에 휘둘리지 않고 생각을 더 깊이 한다. 실수가 줄어들고 중요한 일을 결정할 때도 더 신중해진다. 기다림은 아이의 내면을 단단하게 만들고, 삶을 스스로 이끌어갈 수 있게 하는 중요한 연습이다.

1970년대 미국 스탠퍼드대학교에서 심리학자 월터 미셸^{Walter} Mischel은 아동의 자기 통제력을 측정하기 위한 실험을 진행했다. 이른바 '마시멜로 실험'으로 불리는 이 연구는 간단한 방식으로 진행되었다. 실험자는 네다섯 살 된 아이를 조용한 방에 앉힌 뒤, 책상 위에 마시멜로 한 개를 올려놓고 이렇게 말했다. "지금 이 마시멜로를 먹어도 되지만, 내가 15분 뒤에 돌아올 때까지 먹지 않고 기다리면 한 개를 더 줄게." 어떤 아이는 곧바로 마시멜로를 먹었고, 어떤 아이는 참고 기다렸다. 이 실험은 단지 15분의 인내를 본 것이 아니라, 아이가 자신의 충동을 얼마나 조절할 수 있는지를 관찰한 것이었다.

기다림은 성공에 더 가깝게 다가가게 한다

실험의 진짜 의미는 그 후속 연구에서 드러났다. 수년 후, 연구팀은 이 아이들이 성인이 되었을 때 어떤 삶을 살아가고 있는지를 추적 조사했다. 결과는 놀라웠다. 어릴 적 마시멜로를 참았던 아이들은 학업 성취도, 집중력, 스트레스 관리, 인간관계, 체중 조절 등 여러 면에서 더 나은 결과를 보였다. 반면 기다리지 못했던 아이들은 충동

조절이 어렵고, 목표를 향한 인내가 부족하며, 삶의 여러 영역에서 일관성과 안정성이 떨어지는 경향이 나타났다. 이 실험은 인내심이라는 정서적 능력이 미래의 성공과 밀접하게 연결되어 있음을 보여주는 대표적 사례로 평가받는다.

성공한 사람들의 삶에는 공통된 특징이 있다. 조급함에 흔들리지 않고 기다릴 줄 아는 힘이다. 워렌 버핏은 자신의 투자 철학을 이렇게 요약한다. "가장 좋은 기회는 기다릴 줄 아는 사람에게 온다." 그는 단기적인 이익보다 장기적인 안목을 선택했고, 수십 년을 견디며 복리의 힘을 지켜보았다. 오프라 윈프리는 방송인으로 성공하기 전, 수많은 거절과 좌절을 겪었다. 그러나 그때마다 기회를 기다리며 자기 안을 단단히 채워갔다. 기다림은 이들에게 단순한 인내가 아니라 전략이었고 스스로를 다듬는 시간이었다. 이처럼 인내는 더 나은 내일의 안목을 키우는 훈련이다.

기다림이 가능한 사람은 눈앞의 불안보다 내면의 방향에 집중한다. 이들은 다른 사람의 움직임에 맞춰 가볍게 움직이지 않고 자기 시간을 지킬 줄 안다. 사업에 실패한 뒤 다시 일어선 기업가, 십 년 넘게 작품을 준비한 예술가, 오랜 무명의 시간을 버틴 운동선수들. 그들 모두에게는 공통된 메시지가 있다. '기다렸기에 가능했다.' 사회는 빠르게 움직이는 사람을 주목하지만 진짜 깊이 있는 성취는 오래 기다린 사람에게서 나온다. 기다림은 인생을 지혜롭게 살기를 바라는 누구에게나 필요하며, 인생의 흐름을 조용히 바꾼다.

프랑스는 일상에서 자연스럽게 기다림을 가르친다

프랑스에서 기다림은 일상 속 작은 순간들을 통해 자연스럽게 배운다. 모두가 잠든 밤, 프랑스 부모들은 아기가 울었다고 해서 곧바로 달려가서 수유하지 않는다. 울음이 시작된 지 몇 분 동안은 기다린다. 아기도 이 시간 기다리는 연습을 한다. 이를 통해 아기는 스스로 잠드는 능력을 키울 수 있다. 이른바 '르 트랑지시옹le transition'이라 불리는 이 방식은 자율성과 함께 기다림을 배우는 첫 훈련으로써 아이가 자기의 요구에 즉시 응답받지 못하고 적절한 시간을 견뎌야 하는 경험을 통해 자기 조절 능력을 기르는 기초를 다진다.

식당 문화에서도 기다림은 사회적 질서로 자리 잡고 있다. 프랑스 식당에서는 아이도 어른과 같은 손님으로 대우받는다. 메뉴를 고르고, 주문하고, 음식을 기다리는 과정을 아이도 함께 겪는다. 부모는 아이에게 빠르게 무언가를 제공하기보다, 순서를 지키고 예절을 따르는 법을 가르친다. 놀이공원이나 빵집에서도 아이는 줄을 서고 자기 차례를 기다린다. 기다림은 타인과 함께 살아가기 위해 자신의 욕구를 조절하는 생활방식이다. 프랑스의 기다림 교육은 아이에게 '참아야 한다'고 가르치지 않는다. '기다리는 것이 자연스럽다'는 문화를 보여준다.

기다림의 힘을 어떻게 키울 것인가?

기다림은 특별한 기술이 아니라 일상에서 조금씩 연습되는 습관이다. 아이에게 기다림을 가르치기 위해 가장 먼저 할 수 있는 일은 '지금 말고 조금 있다가'라는 표현을 생활 속에 자연스럽게 사용하는 것이다. 간식을 바로 주는 대신 "지금은 식사 준비 중이니까, 10분만 기다리자"라고 말하거나, 장난감을 사달라는 요구에 "다음 주에 함께 고민해 보자"라고 미루는 것만으로도 아이는 자신의 욕구를 조절하는 훈련을 받는다. 중요한 것은 단호함 속에 애정이 담겨 있어야 한다, 기다림의 시간을 견딘 뒤에는 따뜻한 보상이나 인정의 말이 함께 따라야 한다. 이를 통해 아이는 기다림이 억울한 일이 아니라 의미 있는 과정임을 배우게 된다.

기다림을 잘하는 아이들은 단지 의지만으로 참는 것이 아니라, 주의를 다른 곳으로 돌릴 줄 안다. 마시멜로 실험에서도 오래 기다린 아이들은 눈앞의 마시멜로를 쳐다보는 대신, 노래를 부르거나 눈을 감거나 의자에서 발을 구르며 자신을 다른 활동으로 분산시켰다. 이는 충동을 억지로 억누르기보다, 유혹에서 자신을 자연스럽게 멀어지게 만드는 전략이다. 실제 생활에서도 책을 읽거나, 그림을 그리거나, 짧은 대화를 통해 아이의 집중을 다른 곳으로 옮겨주는 것만으로도 기다림은 훨씬 수월해진다.

기다림은 함께하는 경험 속에서 더 깊고 소중한 의미로 남는 과정이다. 배가 고파도 식탁에서 음식을 함께 차리는 시간, 하고 싶은 이야기가 있어 끼어들고 싶지만 차례를 지키는 훈련 모두가 기다림을 배우는 기회다. 게임을 할 때도 먼저 하고 싶은 마음이 들더라도 차례를 기다리는 것이 필요하다. 기다림에 대한 보상을 약속하되 그 보상이 즉각적인 만족이 아니라 기다림에 대한 성취감으로 느껴지게 해야 한다. 기다리는 시간은 조급한 마음을 누르고 더 넓게 바라보는 마음과 시각이 자라는 시간이다.

기다림은 아이가 꼭 습득해야 할 인생의 기술이다

기다림은 아이가 꼭 습득해야 할 인생의 기술이다. 지금 당장의 욕구를 조절할 수 있는 힘이나 충동에 흔들리지 않는 마음, 눈앞의 보상보다 먼 미래를 바라보는 눈은 기다림을 통해 자란다. 프랑스 교육이 기다림을 교육의 가장 중요한 요소 중의 하나로 여기는 이유가 여기에 있다. 기다림은 자기 내면의 소리를 듣게 하며, 타인을 배려하는 여유를 만든다. 아이가 기다릴 줄 알면 부모는 덜 지치고, 세상은 한결 부드러워진다. 기다림을 배운다는 것은 삶을 깊이 있게 살아갈 준비를 한다는 말이다. 조급하지 않고 기다릴 줄 아는 아이가 성공에 더 가깝게 갈 수 있다.

19장

일깨우기, 아이 스스로가
발견의 즐거움을 느끼도록 한다

욕실 바닥에 주저앉은 아이는 작은 비누방울을 불어 올린다. 둥글고 투명한 그 안에 무지갯빛이 어른거리자, 아이의 눈이 반짝인다. "하늘색 공룡 같아!"라며 아이는 자신만의 언어로 세상을 해석한다. 방울은 천천히 떠오르다 터지고, 그 짧은 순간 안에 아이는 하나의 세상을 발견한다. 아이에게 발견의 감탄은 매일의 일상 속에서 계속된다. 누가 가르쳐주지 않았지만 아이는 질문하고 관찰하고 궁금해한다. 작은 눈동자에 비친 빛이 반짝일 때 아이는 새로운 발견의 문을 열고 경탄한다. '발견의 기쁨'은 지식의 시작점이다. 자발적인

깨달음은 세상을 새롭게 바라보는 눈을 갖게 하고 삶을
풍성하게 한다.

프랑스는 아이가 발견하고 깨닫는 감각을 중요하게 생각한다

프랑스에서 아기에게 최고의 칭찬은 민첩하고 깨어 있다는
'에비예*éveillé*'라는 말이다. 이는 외부 자극에 빠르게 반응하고,
내면의 감각을 섬세하게 작동시킬 수 있는 능력이다. 말이
빠르거나 글을 잘 읽는다고 칭찬하지 않는다. 지식의 습득
속도보다는 아이의 감각과 생각이 살아 열려있고, 존재에
대한 경탄을 품어내는 것에 더 깊은 가치를 둔다. 하늘을
오래 바라보며 구름의 모양이 어떻게 변하는지를 느끼고,
물줄기가 흘러가는 소리를 감지하는 아이에게 '에비예'라고
말한다. 이 칭찬은 아이가 발견하고 깨닫는 섬세한 안테나를
가지고 있다는 말이다. 이런 사람은 자신의 삶을 향유하며
행복해한다.

'일깨우기'는 느낌과 경험 중심으로 감각을 깨우는 것이다.

아이의 감각적 느낌을 위해서 맛, 소리, 빛, 냄새, 질감, 이 모든 것을 느낄 수 있도록 환경을 마련해 줘야 한다. 부모와 교사는 환경을 제공해 주지만 드러나지 않는 조력자다. 아이는 혼자만의 시간과 감각과 생각으로 발견하고 경험해야 한다. 조그마한 화분에서 새싹이 올라오는 모습, 개미가 줄지어 지나가는 장면, 길가의 민들레 홀씨가 날아가는 것, 이런 장면이 아이의 걸음을 붙잡는다. 아이는 시간 가는 줄 모르고 오감으로 관찰하면서 생명의 풍성함을 느낀다. 아이의 감각과 생각은 더욱 정교하게 다듬어진다. 이전의 경험과 새로움 사이에서 발견과 발전의 기쁨을 만끽하며 자신만의 방식으로 세상을 이해한다.

학습은 단순히 멈춰있는 정보를 아는 것이 아니다. 살아 움직이는 세계, 매일 매일 새로워지는 세상을 만나는 것이다. 아이가 스스로 무언가를 발견할 때, 그것은 단순한 지식의 축적이 아니라 세상을 바라보는 눈이 열리는 순간이다. 브루너^{Jerome Bruner}는 이를 '발견학습'이라 부르며, 스스로 구성한 지식은 더 깊이 이해되고 오래 기억된다고 말한다. 피아제^{Jean Piaget} 역시 아이를 '능동적인 지식 구성자'로 보았다. 아이는 발견이라는 세상과의 상호작용을 통해 기존의 사고를 깨고 새로운 사고를 만들어간다. 이렇게 외부의 설명이 아니라 내면에서 일어나는 발견이 진정한 학습을 이끌어낸다. 발견은 다양한 세상을 이해하고 그 속에 숨어 있는 신비와 대화하는 시간이다.

발견의 순간은 감정과 결합할 때 더욱 강력한 효과를 발휘한다. 뇌과학자들은 즐거움, 놀라움, 몰입 등의 감정이 학습의 장기 기억화를 돕는다고 말한다. 《생각의 탄생Roots of Genius》에서 저자들은 "위대한 발견은 우연이 아니라, 오래된 호기심이 불꽃을 일으킨 순간에서 태어난다"고 했다. 감탄과 연결된 앎은 사라지지 않는다. 그렇기에 아이가 어떤 것을 발견하며 느끼는 '기쁨'은, 그 자체로 지식이 되고, 삶의 일부가 된다. 발견은 학습의 시작이자, 삶을 풍요롭고 행복하게 만든다.

① "왜 그럴까?"를 묻는 산책.

아이와 동네를 천천히 걷는다. 낙엽이 떨어지는 모습 앞에서 멈추고, 바람이 흔드는 가지를 바라보며 부드럽게 묻는다. "왜 잎은 떨어질까?", "바람은 어디서 오는 걸까?" 정답을 알려주려고 애쓰기보다, 아이가 스스로 생각할 수 있도록 질문만 건넨다. 그 질문 하나가 아이의 시선을 다시 세상으로 향하게 하고, 일상의 풍경을 새롭게 발견하게 만든다.

② 일상의 사물 탐색하기.

부엌에서 숟가락을 꺼내고, 욕실에서 비누를 들여다보며 아이에게 말한다. "이건 무엇으로 만들었을까?", "이건 어떻게 만들어졌을까?" 평범한 물건 속에도 수많은 이야기와 비밀이 숨어 있음을 알려주는 순간이다. 지식은 멀리 있는 것이 아니라, 바로 우리 손안에 있다는 사실을 아이는 발견을 통해 체득한다.

③ '잘 들었니?' 감각 훈련 게임.

아이의 눈을 가볍게 감게 하고, "지금 무슨 소리가 들리니?"라고 물어본다. 문을 닫는 소리, 나무를 스쳐가는 바람소리, 바깥에서 들려오는 자동차 소리, 새소리… 이 작은 놀이를 통해 아이는 듣는 법을 배우고, 소리의 층위를 구분하며 감각을 섬세하게 다듬어간다.

④ '내가 그리는 세상' 노트 만들기.

하루가 저물 무렵, 아이에게 오늘 본 것 중 가장 기억에 남는 장면을 그려보게 한다. 달리는 강아지, 떨어진 아이스크림, 처음 본 노란 나비. 그림이든 글이든 형식은 중요하지 않다. 부모나 교사는 그 노트를 들여다보며 감탄해 준다. "와, 이런 걸 봤구나!" 이 인정은 아이에게 자신의 시선이 소중하다는 사실을 깊이 심어준다.

⑤ '문제 없는 실험' 허용하기.

아이에게 밀가루, 물, 색소, 나뭇잎, 종이컵 같은 간단한 재료들을 건네준다. 무엇을 만들든, 어떻게 하든 개입하지 않는다. "결과가 없어도 괜찮아. 해보는 것 자체가 재미있는 거야." 이 말 한마디는 실험을 시도하고 실패하더라도

괜찮다는 용기를 주고, 결과보다 과정의 즐거움을 발견하게
한다.

⑥ 함께 놀며 '정답 없는 질문' 던지기.

블록을 쌓으며 아이에게 묻는다. "이 집엔 누가 살까?"
인형을 옆에 두고 말한다. "이 친구는 지금 어떤 기분일까?"
정답이 정해지지 않은 질문은 아이의 상상을 자유롭게
풀어내고, 스스로의 감정을 해석하는 힘을 길러준다.
어른은 조용히 귀 기울이고, 아이의 이야기를 진짜 이야기로
들어주기만 하면 된다.

⑦ '기다림의 시간' 허락하기.

창가에 앉아 창밖을 멍하니 바라보는 아이의 등을 조용히
지켜본다. 무언가를 하고 있지 않아도, 그 시간은 결코
헛된 것이 아니다. 냄비에서 퍼져 나오는 음식 냄새, 가만히
손으로 만져보는 베개의 감촉, 잠잠한 시간 속에서 아이는
감각을 열고, 내면의 세계를 채워나간다. 어른은 그저
방해하지 않고, 기다려주기만 하면 된다.

아이의 발견에 반응하는 7가지 방법

① 과정에 초점을 맞추는 말.

아이가 어떻게 생각했는지를 물어보면 사고가 확장된다.

아이 "엄마, 개미는 줄 서서 다녀!"

엄마 "정말? 어떻게 그런 걸 알았어?"

아이 "내가 본 걸 엄마가 궁금해하네!"

② 발견 자체를 인정하는 말.

결과보다 스스로 알아냈다는 점을 인정한다.

아이 "이 컵은 뜨는데, 이건 가라앉아!"

교사 "와, 그걸 네가 직접 알아냈구나! 멋진 발견이야."

③ 창의적 표현을 존중하는 말.

아이의 상상과 언어를 평가하지 않고 존중한다.

아이 "저 구름은 토끼 같아."

부모 "그런 생각은 너만 할 수 있는 거야. 나는 그냥 구름으로

만 봤거든."

④ 아이로부터 배우는 자세.

아이가 배움의 주체라는 것을 느낀다.

아이 "아빠, 이거는 자석에 안 붙어."

아빠 "정말? 네 덕분에 나도 몰랐던 걸 알게 됐네."

⑤ 감탄을 감정으로 표현하기.

말보다 표정과 감정이 먼저 전달되면 진심이 전해진다.

아이 "엄마, 물감 섞었더니 보라색 됐어!"

엄마 (눈을 크게 뜨며) "우와, 진짜 멋지다! 네가 직접 섞어봤

구나!"

⑥ 생각을 이어주는 질문.

발견이 한 번의 사건으로 끝나지 않도록 도와준다.

아이 "씨앗을 심었더니 싹 났어!"

교사 "그럼 앞으로 이 싹이 어떻게 될까? 내일 또 관찰해 보자."

⑦ 발견을 기록으로 남겨두기.

아이의 발견을 눈에 보이는 형태로 남겨두면 기억에 오래 남는다.

아이 "나무 그림 그렸어. 이건 오늘 내가 본 거야."

엄마 "그림 너무 좋아! 벽에 붙여서 오늘의 발견으로 남겨두자!"

**교육은 더 많이 알려주는 일이 아니라,
더 많이 깨어 있도록 기다려주는 일이다**

일깨우기는 아이의 눈을 뜨게 하는 일이며, 발견은 그 눈으로 세상을 다시 만나는 기쁨이다. 스스로 알아낸 한 줄기의 진실은, 백 번의 설명보다 더 오래 마음에 남고, 더 깊게 자란다. 아이는 그 순간 지식의 수용자가 아니라, 지식의 발견자가 된다. 교육은 더 많이 알려주는 일이 아니라, 더 많이 깨어 있도록 기다려주는 일이다. 감각을 열고, 사소한 것을 새롭게 바라보는 발견의 힘은 삶 자체가 배움이 되게 한다. 우리가 진짜 바라는 교육은 아이가 살아가는 삶을 사랑하게 만드는 일이고, 그 삶에서 즐거워하고 행복해하는 것이다. 일상에서 발견의 기쁨을 만들어 내는 아이는 자신의 삶을 사랑하고 다른 사람의 삶에도 생기를 넣어 줄 수 있을 것이다.

20장

아이를 밖으로 보내라. 거기에 진짜 교실이 있다

토요일 아침, 파리 근교 뱅센 숲. 일곱 살 클레망틴은 아빠와 함께 숲길을 걷는다. 손에 곤충 채집통과 작은 스케치북을 들고 있다. 아빠는 딸의 등에 배낭을 메워주며 말했다.

"오늘 우리 선생님은 누구일까?"

"음, 오늘은 벌레를 만나고 싶어. 그러면 벌레 선생님?"

"벌레를 보고 싶구나! 오늘은 벌레 선생님 찾아서 배워보자."

그날 그들은 도토리를 줍고 낙엽을 분류하며 작은 벌레집을 들여다 보았다. 클레망틴은 집에 돌아와 그날의 배움을 일기장에 적었다.

"벌레가 어떻게 사는지, 나뭇잎이 왜 떨어지는지… 나는 보면서 배웠어요."

그 하루는 많은 것을 보고 느끼고 스스로 배웠다. 이런 배움은 오래간다. 그리고 인생에 지혜를 준다. 프랑스 부모들은 우리에게 말한다.

"아이를 밖으로 보내세요, 거기에 진짜 배움의 교실이 있습니다."

체험학습은 더 깊이 배우고 인생의 참 지혜를 배운다

몸으로 겪는 경험은 지식을 넘어 삶의 기억으로 남는다. 스탠포드 교육심리학 연구팀은 두 그룹의 학생에게 같은 과학 개념을 가르치되 방법을 달리했다. 한 그룹은 전통적인 강의로, 다른 그룹은 실험 도구를 활용한 활동 중심 수업으로 가르쳤다. 두 그룹 모두 일주일 뒤 기억 유지율을 측정했다. 활동 중심 수업을 받은 그룹이 강의 중심 그룹보다 기억에 더 효과적일 거라 추측된다. 그런데 얼마나 더 효과가 있었을까? 놀랍게도 세 배 이상 개념을 정확히 기억하고 있었다. 몸으로 경험하며 익힌 기억은 장기 저장소에 더 오래 더 깊이 저장되기 때문이다. 숲속에서 본 개미 한 마리가 교과서 속 생물보다 훨씬 더 깊이 아이의 마음에 남는다.

직접 경험하는 것은 아이의 감정을 자극하고 발전시킨다. 러시아의 심리학자 레프 비고츠키Lev Vygotsky는 아이의 배움은 다른 사람과의 관계와 감정적 연결 속에서 더 깊이 일어난다고 주장했다. 다시 말해, 감정이 동반될 때 아이가 배우는 능력이 훨씬 좋아진다는 것이다. 자연 속 놀라움, 박물관에서의 경탄, 요리 시간의 기쁨 등등 이 모든 순간은 뇌를 깨우고 마음을 연다. 하버드의 뇌과학 연구팀*도 감정이 개입된 학습은 해마의 기억 저장 능력을 높인다고 말한다. 이때의 경험은 단순한 정보가 아니라 '감정이 결합된 기억'으로 각인되어 더 오래 남는다. 프랑스 아이들이 문화

---

* 하버드 대학교의 뇌과학자 엘리자베스 A. 펠프스(Elizabeth A. Phelps) 교수는 감정이 학습과 기억에 미치는 영향을 연구해 왔다. 그녀의 연구실인 '펠프스 랩(Phelps Lab)'은 인간의 학습과 기억이 감정과 어떻게 연결되는지를 탐구하며, 감정이 인지 과정에 미치는 영향을 밝히는 것을 목표로 한다. 이러한 연구들은 감정이 개입된 학습이 기억 형성에 중요한 역할을 한다는 것을 시사한다.

체험이나 야외 수업에서 감탄하며 배우는 이유도 여기에 있다. 감정과 학습이 함께할 때 배움은 마음을 담은 삶의 기억이 된다.

배움은 체험하면서 스스로 알아가는 것이다. 피아제는 그의 저서 『발생적 인식론 Genetic Epistemology』(1968)에서 지식은 주어지는 것이 아니라 학습자가 환경과의 상호작용을 통해 스스로 구성하는 것이라 했다[*]. 프랑스의 '요리 수업'이나 '발견 학급'은 아이들에게 미리 방법이나 답을 주지 않는다. 아이는 재료를 만지고, 냄새를 맡고, 직접 만들어본다. 실패해보기도 하고, 다시 시도해보며 환경과 상호작용하며 스스로 배운다. 누가 알려주어서가 아니라 직접 해봤기에 경험에서 오는 배움은 오롯이 아이 자신의 것이 된다. 교실 밖에서의 경험이 인생의 지식과 지혜를 배우는데 더 적합하다.

---

[*] 『Genetic Epistemology』, 1968.

프랑스의 '발견 학급classe de découverte'은 아이들이 교실을 떠나 자연과 사회 속에서 배우는 현장 중심 프로그램이다. 보통 초등학생을 대상으로 하며, 1주에서 3주 동안 산, 바다, 시골 마을 등 다양한 장소에서 숙박을 겸해 진행된다. 아이들은 해양 지역으로 가면 바닷가를 따라 해양 생물을 채집하고, 바위에 붙은 조개나 해조류를 관찰하고, 모래 속 생물들을 스케치북에 그려본다. 산악 지대에 가면 숲에서 나뭇잎과 곤충을 분류하고, 등산로를 따라 자연 생태를 조사하거나, 작은 지도 만들기 활동을 진행한다. 농촌에서는 염소 목장이나 치즈 공장을 견학하고, 실제로 동물을 돌보거나 우유 짜는 체험도 한다. 아침과 저녁에는 일기를 쓰거나, 그날 배운 것을 발표하는 시간이 있어 자연스럽게 말하기와 글쓰기 연습까지 병행한다.

예술이나 문화 주제의 발견 학급도 있다. 중세 도시로 떠나는 프로그램에서는 고성을 탐방하고, 돌길을 따라 도시 지도를 그려보며, 현지 장인에게서 도자기나 벽화 제작을 배운다.

음악 중심의 프로그램에서는 지역 악기를 배우고, 소규모 합주를 하거나 리듬 게임을 통해 협동을 익힌다. 어떤 학교는 연극 중심으로 진행하기도 하는데, 아이들이 짧은 대본을 직접 만들고, 의상을 준비해 마지막 날 공연을 올리는 식이다. 모든 활동은 아이들이 직접 해보는 방식이다. 교사는 최대한 아이들이 스스로 관찰하고 정리하도록 지켜보며 돕는다. 교과서 대신 세상 전체가 수업 자료가 되는 이 기간은 아이들에게 강렬한 인상과 배움의 즐거움을 준다.

프랑스에서는 유치원부터 미술관과 박물관을 교육의 일부로 적극 활용한다. 대부분의 유치원과 초등학교는 학기 중 한두 차례 이상 인근의 박물관, 미술관, 문화센터 등을 방문하는 체험학습을 진행한다. 국가와 지방자치단체는 이를 위한 교육 프로그램과 자료를 적극적으로 지원하고 있다. 예를 들어, 파리의 루브르 박물관은 어린이를 위한 전용 가이드 투어와 참여형 워크숍을 운영하고 있다. 초등학교 학생들을 대상으로 특정 작품 앞에서 이야기 나누기, 색감과 형태를 관찰한 뒤 그림 그리기, 모양을 따라 만드는 점토 작업 등을 진행한다. 교사는 사전에 방문할 전시와 연결된 수업을 교실에서 준비하고, 박물관 방문 후에는 감상문 쓰기, 작품 해설하기, 나만의 전시 만들기 활동 등으로 연계 학습을 이어간다.

지방 도시의 작은 미술관들도 학교와 협력해 수준 높은 예술 체험을 제공한다. 리옹, 낭시, 보르도 등에서는 지역 미술관이 학교를 위한 교육 전시와 워크숍을 별도로 운영하고 있다. 학생들은 실제 작가나 큐레이터와의 만남을 통해 예술가의 시선과 과정을 체험할 수 있다. 어떤 수업에서는 아이들이 미술관에서 하루 동안 '작은 큐레이터'가 되어 전시물을 고르고 해설문을 직접 써보는 활동을 한다. 특히 유아기부터 초등 저학년에서는 '예술을 설명하는 것'보다 '느끼고 표현해 보는 것'에 초점을 맞춘다. 그래서 미술관은 단순히 보면서 감상하는 장소가 아니라 손으로 그리고 몸으로 반응하며 배우는 살아 있는 교실이 된다. 프랑스 교사들은 이를 통해 아이들이 예술에 대한 거리감을 줄이고, 창의적 표현 능력과 비판적 관찰력을 자연스럽게 키워간다고 말한다.

프랑스 초등학교에서는 주 1회 또는 격주로 요리 수업^{atelier}

cuisine을 운영하는 학교들이 많다. 수업은 주방이 있는 특별 교실에서 한다. 아이들은 소그룹으로 나뉘어 프랑스 전통 음식을 함께 만든다. 재료를 고르고, 반죽하고, 오븐에 굽고, 플레이팅까지 직접 해보며 요리의 순서를 배우고, 위생과 조리도구 사용법을 익힌다. 어떤 수업에서는 '이야기가 있는 음식'을 만들기도 한다. 지역의 음식 유래나 역사도 함께 배운다. 마지막에는 자신이 만든 음식을 친구들과 나누며 자연스럽게 협동과 나눔의 즐거움도 경험한다. 교사들은 이 수업을 통해 아이들이 계량을 통한 수학, 레시피 쓰기를 통한 언어, 식탁 문화를 익히는 예절 등을 통합적으로 배울 수 있다고 말한다.

정원 가꾸기 수업은 대부분 학교 안에 있는 텃밭les jardins scolaires이나 인근 공용 공간을 활용한다. 아이들은 직접 모종을 심고, 흙을 고르고, 물을 주며 식물의 성장 과정을 관찰한다. 학급별로 구획을 나눠 '내 작물 키우기 프로젝트'를 진행하는 학교도 있다. 텃밭에서 수확한 채소는 요리 수업에 사용하기도 한다. 텃밭을 가꾸면서 아이들은 기다림, 생태계, 생명의 신비, 자연의 순환을 몸으로 배운다.

연극 수업^{atelier théâtre}에서는 동화나 고전극을 각색하여 직접
대사를 쓰고, 의상을 만들고, 무대 동선을 연습한다. 수업
마지막에는 학부모나 전교생을 초청해 작은 공연을 한다.
교사들은 이 과정을 통해 아이들이 감정을 표현하고, 자기
목소리를 내는 법을 익히며, 서로의 차이를 존중하고 협업하
는 능력을 기른다고 말한다. 이러한 활동들은 교과서에서 다
담아낼 수 없는 중요한 배움의 시간이다.

프랑스 일부 지역에서는 유치원과 초등학교 저학년을
대상으로 '숲 교실^{école en forêt}' 프로그램을 운영하고 있다. 특히
알자스, 브르타뉴, 오베르뉴처럼 자연환경이 잘 보존된
지역에서 활발하다. 학교에 따라 매주 혹은 매달 하루씩
숲에서 수업을 한다. 아이들은 숲에서 뛰놀고, 자연물을
모아 만들기를 하며, 낙엽과 곤충, 나무껍질을 관찰한다.
도토리로 캐릭터를 만들거나, 나뭇잎의 종류를 분류하고,
나무 그림자를 따라 그림을 그리는 활동을 한다. 교사는
사전에 활동을 기획하지만, 수업 시간에는 거의 개입하지
않고 아이들이 자연과 직접 상호작용하게 한다. 아이들이
자유롭게 놀고 관찰하는 가운데 호기심을 가지고 배움을

스스로 해나가도록 한다.

프랑스 교육부는 숲 교실 프로그램이 아이들의 운동 능력 향상, 주의 집중력 강화, 정서 안정에 긍정적인 영향을 준다는 연구 결과에 따라 지역 단위로 점차 확대해 나가고 있다. 숲은 닫힌 공간인 교실과 달리 바람, 새소리, 흙냄새, 풀벌레 소리로 가득하다. 아이들은 이런 자극 속에서 더 깊이 몰입한다. 저자가 프랑스 시골학교를 방문했을 때 숲 교실 수업을 관찰할 기회가 있었다. 4~5세의 아이들이 전혀 다듬어지지 않은 좁은 숲길을 혼자 걸어갔다. 우리나라에서는 위험해 교사가 일일이 손을 잡고 가거나 길을 반듯하게 만들었을 것을 그곳은 자연 그대로 내버려 두었다. 아이들은 2시간 동안 숲에서 마음껏 즐겼다. 나뭇가지를 가지고 노는 아이, 막대기로 땅을 파는 아이, 그 흙을 다른 아이들에게 나뭇잎 돈을 받고 파는 아이, 돌무더기를 만드는 아이. 혼자서 돌산을 엉금엉금 오르는 아이. 숲 교실의 자유로움과 아이들이 내뿜는 생기는 무척 인상적이었다.

체험이 곧 교과서다

한국에서는 여전히 체험을 '보너스'로 여긴다. 교과 학습이 우선이고, 체험은 교과 학습을 증명해 보이기 위한 방편일 경우가 많다. 프랑스에서는 체험이 곧 교과서다. 아이는 책을 읽기 전에 흙을 만지고, 개념을 외우기 전에 상황을 겪는다. 프랑스에서 체험은 교과 학습을 증명하기 위한 수단이 아니라 학습 그 자체로서 독립성과 가치를 가진다. 몸으로 익힌 배움은 인생의 지혜가 된다는 생각은 학교 현장 곳곳에 깊게 스며 있다. 아이들은 바닷가에서 조개껍데기를 모으며 생태를 배우고, 미술관안의 명화 앞에 서서 색을 이해하고, 요리를 하며 수학과 협동을 함께 익힌다. 체험은 단순한 이벤트가 아니다. 일상 속에서 자연스러운 '살아 있는 배움'이다. 손에 흙을 묻히고, 마음에 기억을 남기는 교육은 오래도록 삶에 남는다. 체험교육은 '무엇을 아는 사람'이 아니라 '삶을 살아낼 줄 아는 사람'으로 성장시킨다.

21장

수학 교육, 프랑스는 수학의 강국으로
수학 교육을 하는 그들만의 방법이 있다

수학의 노벨상이라 불리는 '필즈상'. 이 영예로운 상을 가장 많이 수상한 나라는 누구나 예상하듯 미국이다. 그런데 그 뒤를 잇는 나라가 프랑스라는 사실은 잘 알려져 있지 않다. 경제 대국 독일도, 교육 강국 핀란드도 아닌, 예술과 철학, 감성과 낭만의 나라에서 세계 최고 수준의 수학자들이 자라나는 이유는 과연 무엇일까?

프랑스에서 수학은 단순한 계산으로 정답을 찾아내는 과목이 아니다. 생각하는 법을 키우는 과목이다. 수학 시간에 생각

훈련을 하며, 논리적으로 설명하는 능력을 키운다. 교사는 정답을 가르치기보다는 아이가 "왜 그렇게 생각했는지"를 묻는다. 프랑스의 수학 수업은 계산보다 사고, 정답보다 설명, 빠른 속도보다 깊은 질문을 더 중요하게 여긴다. 수학을 잘한다는 것은 단순히 문제를 잘 푸는 능력이 아니다. 생각을 논리적으로 조직하고 그것을 언어로 표현할 수 있는 힘을 기르는 것이다.

수학 시간은 정답을 맞히는 시간이 아니라 왜 그런지 설명하는 시간이다

프랑스의 한 초등학교 2학년 수업 시간, 교사는 칠판에 다음과 같은 문제를 적는다.

"마르틴은 사과 7개를 가지고 있었는데 3개를 친구에게 주었다. 마르틴은 지금 몇 개의 사과를 가지고 있을까요?"

단순한 뺄셈 문제다. 교사의 질문은 여기서 끝나지 않는다.

"마르틴이 왜 사과를 줬을까?"

"그걸 어떻게 계산할 수 있을까?"

"너라면 어떤 방법으로 설명할 수 있을까?"

"혹시 다른 방법으로도 생각해 볼 수 있을까?"

학생들은 손을 들고 말하기 시작한다.

"7에서 3을 빼면 4예요."

하지만 여기서 중요한 건 '4'라는 숫자가 아니라, 그 숫자가 어디서 어떻게 나왔는지를 설명하는 과정이다. 한 아이는 말한다.

"나는 손가락으로 먼저 7을 펴고, 3개를 접어서 뺐어요."

다른 아이는 말한다.

"저는 머릿속으로 3을 빼고, 남은 수를 생각했어요."

이렇게 아이들은 같은 정답을 도출해도, 서로 다른 사고 경로를 통해 설명한다. 이 수업의 핵심은 정답을 찾는 것이 아니다. 자신의 사고 과정을 말로 표현할 수 있는 능력을 기르는 데 있다. 말로 설명하는 훈련은 논리의 뿌리를 깊게 내리는 과정이 된다. 이렇게 쌓인 사유의 힘은 훗날 복잡한 수학 개념을 서술형으로 풀어야 하는 고등수학의 바탕이 되고, 나아가 필즈상 수상자들이 논문을 통해 자신만의 수학 세계를 증명해내는 능력으로 이어진다. 어린 시절의 논리적으로 설명하는 훈련이 자기 생각을 더 깊이 있게 하고, 다른 사람에게 그 의미를 정확하게 표현하는 능력을 갖게 한다.

학생들이 수학 개념을 언어로 표현하는 과정은 자신의 사고를 명확하게 정리시켜 준다. 필자가 교단에서 학생들을 가르칠 때 '설명식 수학'으로 했다. 학생들은 처음에 익숙하지 않아 힘들어했지만 얼마 지나지 않아 그 효과가 나타났다. 수학에 대한 흥미가 높아지고, 언어능력과 사고능력이 놀랍게 신장하는 것을 볼 수 있었다. 질문이 훨씬 깊어지고, 질문에 대한 답을 찾아가는 과정이 다양하면서도 논리적으로 발전해 갔다. 이것을 경험한 학생들은 이구동성으로 수학이 새롭고 너무 재밌다고 말했다.

프랑스는 오래전부터 수학을 '말하는 학문', '논리의 언어'로 다뤄왔다. 교실에서는 정답을 맞히는 것보다, 그 정답에 이르는 사고 과정을 조리 있게 말로 풀어내는 것을 중요하게 여긴다. 언어와 수학을 결합한 교육은 아이들에게 추상적 개념을 자기 스스로 이해하는 힘을 길러주고 자기 생각을 논리적으로 표현하는 힘을 키워준다.

수학의 틀린 답도 생각의 증거로서 충분히 가치 있다

프랑스의 수학 교육은 숫자보다 먼저 개념을 느끼게 한다. 아이가 블록을 쌓고 색깔별로 나누는 놀이를 할 때, 교사는 "왜 이걸 이렇게 모았니?", "이건 어떤 규칙이 있는 걸까?"라는 질문을 던진다. 이는 단순한 놀이를 넘어서, 유아의 관찰력과 분류 능력, 규칙 인식 능력을 자극한다. 이는 수학의 본질인 사고하는 틀을 만드는 기초가 된다. 수학은 '배우는 것'이기 전에 '느끼고 말하는 것'이다.

부모와 교사는 이 시기에 수학을 놀이로 만들어야 한다. 한국의 교육 현장에서는 '숫자를 빨리 읽고, 문제를 빨리 푸는 아이'가 수학을 잘하는 아이로 여겨진다. 그러나 프랑스식 접근은 '생각하는 아이', '질문하는 아이'로 먼저 키운다. 부모는 아이가 수를 틀리게 말해도 서두르지 말고, "왜 그렇게 생각했어?", "다른 방법도 있을까?"라고 되묻는다.

이는 아이의 지적 호기심과 표현 능력을 키우면서 수학적 감각도 함께 자라게 한다.

프랑스 중학교에서는 수학 수업의 중심이 점차 서술과 설명으로 이동한다. 정답을 맞히는 것보다 중요한 것은, 그 정답에 도달한 사고의 흐름을 언어로 표현하는 능력이다. 학생들은 각자의 풀이 과정을 친구들과 공유한다. 교사는 "이 풀이에서 논리의 비약은 어디에 있었을까?", "다른 접근이 가능했을까?"와 같은 질문으로 아이들의 논리적 사고를 확장시킨다. 이는 단순히 문제를 푸는 기술이 아니라, 생각을 조직하고 말로 설득하는 훈련이다.

고등학교에서는 이런 접근이 더욱 체계화된다. 서술형 평가, 개념의 연결성, 수학적 모델링 등을 통해 학생은 이제 문제를 '풀 줄 아는 사람'을 넘어서 '설명할 줄 아는 사람'이 된다. 이런 훈련은 아이가 수학을 바탕으로 논리적 글쓰기, 철학적 사고, 복잡한 사회 문제를 해석하는 능력으로 확장된다. 부모와 교사들은 이 시기에 아이의 실수를 단순한 실패로 보아서는 안 된다. 사고의 과정 그 자체를 격려하는 자세를 가져야 한다. 프랑스 교사들은 "틀린 답도 생각의 증거다"라고 격려한다.

교사는 정답을 가르치는 사람이 아니라 생각을 이끄는 사람이다

프랑스의 수학 교사는 학생에게 정답을 '제공'하는 사람이 아니다. 정답에 도달하도록 '이끄는' 사람이다. 그들은 문제를 설명하고 풀이를 가르치기보다 아이가 어떤 방식으로 문제를 바라보고 접근하는지를 함께 살핀다. "이 문제를 다른 방법으로 풀 수 있을까?", "네 생각에 어떤 약점이 있을까?" 이런 질문들은 아이가 스스로 사고를 점검하고, 새로운 방법을 찾도록 돕는다. 프랑스 교육학자 기 루즈^{Guy Brousseau} 수학 교수는 학습의 핵심은 "학생이 개념을 직접 구성할 수 있도록 학습 상황을 설계하는 것"이라고 말한다. 학생이 '스스로' 개념을 만들어가도록 돕는 것이 수학 교육의 본질이다.

심리학자 비고츠키^{Vygotsky}의 '근접발달영역^{ZPD}' 이론도 이를 뒷받침한다. 그는 아이가 혼자서는 도달할 수 없는 학습의 다음 단계에 도달하도록 돕는 존재가 '성숙한 조력자'라고 했다. 프랑스 교사는 그 역할을 수행한다. 그들은 학생의 오답을 지적하기보다, 그 오답이 어디서 나왔는지 묻는다. 그 생각이 논리적이고 자연스러우면 답이 틀리더라도 높은 점수를 준다. 아이는 '틀릴 자유'를 얻고, 그 자유 안에서 생각은 확장되고 자란다. 교실은 지식을 주입하는 공간이 아니다. 생각이 자라는 정원이 되어야 한다. 교사는 정원을 돌보는 정원사처럼 같이 호흡하며 물을 주고 햇빛을 비추는 존재여야 한다.

수학, 결국 언어를 통하여 생각하는 힘을 키운다

프랑스 리옹의 한 중학교 수학 교실. 교사는 칠판에 다음과 같은 문제를 적는다.
"$x + 5 = 12$. x의 값을 구하시오."
몇몇 학생이 재빨리 손을 들고 "7이요!"라고 외친다. 그때 교사는 잠시 고개를 끄덕이며 묻는다.

"그런데 왜 7이야? 누군가 8이라고 말하면 틀렸다고 할 수 있을까?"

한 학생이 조심스럽게 말한다.

"5를 반대로 옮겨서 뺐어요. 12 - 5는 7이에요."

교사는 다시 묻는다.

"좋아. 그런데 왜 '반대로' 옮기지? 그건 어떤 규칙 때문일까?"

교사는 이 질문을 통해 단순히 '7'이라는 정답이 아니라, 그 답에 이르는 사고의 근거와 논리를 말로 꺼내도록 유도한다. 또 다른 아이가 손을 든다.

"그건 방정식에서 등호(=)의 양쪽이 같아야 하기 때문이에요. 그래서 어떤 값을 더했다면, 반대편에서는 빼야 해요. 그래야 균형이 맞아요."

교사는 웃으며 말한다.

"맞아. 수학은 균형을 지키는 학문이야. 아주 좋은 설명이었어."

이 수업에서 교사는 처음부터 정답을 확인하거나 풀이 방법을 알려주지 않았다. 대신 학생 스스로 자신의 논리를 구성하고, 친구의 설명을 듣고, 그 생각을 '문장으로 정돈'해가며 개념을 만들었다. 오답을 틀렸다고 정리하기보다, 그 오답이 나올 수 있는 사고의 흐름을 탐색하고, 그 안에 있는 '부분적 타당성'을 인정한다. 아이들은 틀릴 수 있는 자유 안에서 더 깊이 생각한다.

프랑스에서 수학은 '정답을 빠르게 찾아내는 기술'이 아니다. 그것은 이성의 언어를 배우는 일이자, 생각을 조직하는 법, 논리를 구성하는 법, 자신이 무엇을 이해하고 있는지를 표현하는 방법을 익히는 과정이다. 프랑스 수학교육의 중심에는 '사유(思惟)으로서의 수학'이라는 관점이 있다. 교육철학자 미셸 페를로Michel Fayol는 "수학은 말과 글을 통해 사유를 구체화하는 언어적 장치이며, 그 과정에서 인간의 이성은 구조를 갖추게 된다"고 말한다. 이는 프랑스 교실에서 아이들에게 수학 개념을 말로 설명하게 하고, 풀이 과정을 글로 쓰게 하는 이유를 잘 보여준다. 단순히 '맞는 답'을 쓰는 것이 아니라, '왜 그렇게 생각했는지'를 말하게 하는 이 교육 방식은 수학을 통해 언어와 사고가 함께 자라는 구조를 만든다.

수학을 단순한 문제를 푸는 과목이 아니라 사유의 장으로 여긴다

프랑스는 필즈상 수상자 수에서 세계 2위를 자랑하는 수학의 강국이지만, 정작 OECD 학업성취도 평가에서는 늘 유럽 평균 정도에 머무는 나라다. 이것은 그들의 수학 교육이 '모두가 높은 점수를 받는 교육'을 목표로 하지 않음을 보여준다. 프랑스는 수학을 단순한 문제를 푸는 과목이 아니라 사유의 장으로 여긴다. 아이는 숫자를 생각하고 말로 설명하는 법을 배운다. 교사는 정답을 먼저 제시하지 않고, 질문으로 학생의 생각하는 힘을 키워준다. 이 모든 교육 방식의 중심에는 수학을 통해 생각하는 인간을 기른다는 철학이 깔려 있다. 그래서 프랑스 수학 수업은 때때로 철학 수업처럼 느껴진다. 논리와 언어가 교차하고, 개념이 삶과 연결되며, 한 문제를 두고 생각을 나누고 키워간다.

이러한 교육관은 지금의 한국 교실에 꼭 필요하다. 우리는 너무 오랫동안 수학을 점수와 등수의 도구로 사용해왔다. 빠른 정답을 요구하고, 창의적 오답을 허용하지 않는다. 아이의 사고 과정에는 관심이 없고 오롯이 정답에 초점을 맞췄다. 프랑스 수학 교육은 우리에게 더 중요한 것이 있다는 것을 알려준다. "정답보다 중요한 건, 생각이 어디서 시작되었는가이다." 이제 우리는 아이가 스스로 개념을 구성하도록 기다리며, 생각을 쓰고 말할 기회를 주어야 한다. 수학을 잘 가르치는 일은 아이를 생각하게 하고, 생각을 키워갈 수 있도록 돕는 것이다. 그럴 때 수학은 단순히 평가의 도구가 아니라 생각을 정확하게 말하여 다른 사람을 설득하는 언어가 된다. 서로의 생각을 정확하게 말하고 서로 설득해 갈 때 서로를 이해하고 사회는 통합된다. 그래서 수학은 생각의 언어, 통합의 언어이다.

22장

철학 교육, 프랑스는 어릴 때부터
철학하는 방법을 가르친다

프랑스의 고등학교 3학년 교실. "인간은 언어 없이 사고할 수 있을까?" 칠판에 적힌 질문을 바라보는 학생들의 머릿속은 분주하다. 단어의 어원을 분석하고, 개념을 정의하며, 논점을 세운다. 그리고 자신의 논리를 따라 글을 써내려간다. 철학 수업에는 정해진 답이 없다. 교사는 설명 질문을 던지고, 아이들은 질문을 가지고 사유하고, 서로 토론하며 설득한다. 교실에서 배우는 것은 철학자나 철학사가 아니다. 철학하는 법이다.

생각하는 법을 배우지 못한 사람은 정보 속에 파묻히고 타인의 목소리에 휘둘린다. SNS에서 쏟아지는 수많은 주장들 앞에서 무엇이 옳은지 아닌지를 스스로 판단하지 못하고, 대세에 끌려가며, 남들이 선택한 길을 아무렇지 않게 따라 걷는다. 내 선택이라고 믿었지만 알고 보면 타인이 대신 내려준 결정일 때가 많다. 우리는 스스로 사는 것처럼 보이지만 나를 잃고 남이 그려놓은 대로 살고 있을 뿐이다. 철학은 더 이상 선택이 아니다. 혼돈의 세상에서 내가 '나답게' 살기 위한 기본적인 능력이다.

프랑스는 철학을 중시한다

프랑스는 철학을 중시한다. 철학을 필수 과목으로 두는 나라는 여럿 있지만, 프랑스처럼 학생들이 실제로 철학하도록 이끄는 교육은 드물다. 아이들은 자기 머리로 생각하고, 글을 쓰고, 토론하고, 설득하는 과정을 통해 자신만의 관점을 형성하며, 그 관점을 통해 세상을 바라보는 눈을 키운다. 16세기 철학자 몽테뉴는 "꽉 찬 머리보다, 잘 만들어진 머리를"이라고 말하며 철학의 중요성을 강조했다. 프랑스 교육은 이 말을 현실로 만든다. 지식을 채우는 대신 생각하는 틀을 세운다. 철학하는 교육은 프랑스 교육이 가장 추구하는 핵심 기둥이라 할 수 있다.

프랑스가 철학을 중시하는 이유는 분명하다. 철학은 단지 지적인 활동이 아니라, 자유롭고 비판적인 시민을 기르기 위한 훈련이기 때문이다. 민주주의는 단순한 제도가 아니라 깨어 있는 시민이 있어야만 유지된다. 자기 생각을 말할 수 있고, 타인의 주장에 반론을 제기하며, 다수의 의견 속에서도 자기 판단을 지킬 수 있는 사람, 그런 시민을 길러내는 데 철학 교육은 가장 적합하다. 그래서 프랑스는 어릴 때부터 철학적 질문을 던지고, 고등학교에서는 철학을 필수로 배운다. 그것은 민주주의를 위한 최소한의 훈련이자, 공화주의의 핵심 가치와 맞닿아 있다.

프랑스 교육은 '정보'보다 '사고'를, '정답'보다 '사유'를 더 중요하게 여겨왔다. 많은 이들이 아이들에게 사고력을 길러주고 싶다고 말하지만, 그 힘은 훈련 없이는 길러지지 않는다. 철학 없는 사고력은 조선 기술 없이 배를 만들겠다는 말과 다르지 않다. 멀쩡해 보이지만, 바람 한 번 불면 금세 뒤집힐 뗏목일 뿐이다. 철학은 생각하는 힘을 다듬고 키우며, 아이의 사고방식을 바꾸는 힘이 된다. 철학 교육을 받은 아이는 질문하는 법을 배우고 익숙한 것에도 의문을 품는다. "왜 그래야 하지?", "그건 정말 옳은가?"라는 물음을 던지며 스스로 생각하는 사람으로 자라난다. 이는 독립적인 인격체를 만들어가는 과정이며, 타인의 말에 맹목적으로 따르지 않고 자기 목소리를 낼 줄 아는 아이, 바로 그것이 철학 교육이 길러내는 가장 큰 변화다.

프랑스의 철학 공부는 어릴 때부터 시작한다

프랑스에서 철학하는 법은 고등학교에서 갑자기 시작되는 것이 아니다. 생각하는 힘은 어릴 때부터 훈련한다. 유치원과 초등학교에서도 이미 철학적 사고의 씨앗이 심긴다. 대표적인 활동이 바로 '어린이를 위한 철학 수업Philosophie pour enfants'이다. 유치원에서는 그림책을 함께 읽고, 등장인물의 행동을 두고

질문을 나눈다. "왜 여우는 거짓말을 했을까?"라는 질문
앞에서 아이들은 스스로 해석하고 표현한다. 초등학교로
올라가면 "우정이란 무엇인가?", "정의란 무엇인가?" 같은
추상적인 개념을 두고 원탁에 둘러앉아 대화를 나눈다.

고등학교 3학년에 이르면 철학은 필수 과목이다. 문과 계열은
주 8시간, 이과는 주 4시간의 철학 수업을 듣는다. 철학을
가르치는 교사는 특별한 자격시험 agregation 을 거쳐 임용된다.
교사 자신이 먼저 깊은 철학적 사유를 갖춘 사람이어야 하며
강의는 일방적이지 않다. 교사가 질문을 던지면 학생들은
자신만의 언어로 사유한다. 교사는 학생의 사고를 확장시켜
주는 안내자가 된다. 이 모든 과정은 생각하는 사람을
길러내는 훈련이다.

철학 수업의 절정은 바칼로레아 철학 시험이다. 4시간 동안
주어진 질문에 대해 논리적이고 설득력 있는 글을 써야 한다.
예를 들어 "예술은 진리를 드러낼 수 있는가?", "인간은
자유롭게 태어나는가, 자유롭게 되는가?"와 같은 질문
앞에서 학생은 철학자의 이론을 외워서 쓰는 것이 아니다.

질문에 대한 자신의 생각을 전개하고 반론하며 에세이를 구성해야 한다. 철학 시험은 사고의 깊이와 글쓰기의 힘, 논리력의 총체적 결과물이다. 프랑스의 철학교육은 아이들이 스스로 생각하고, 스스로 말하며, 스스로 쓸 수 있는 존재가 되어 독립적 존재로 살아가게 한다.

• 철학하는 수업.

프랑스의 고등학교 철학 수업. 오늘 칠판에는 이런 질문이 적혀 있다.

"행복해지기 위해 우리는 무엇을 포기해야 할까?"

교사는 학생들에게 이 질문을 자기 말로 바꿔보라고 한다.

"나는 왜 원하는 걸 다 가져도 만족스럽지 않을까?", "진짜 행복은 무언가를 가지는 걸까, 내려놓는 걸까?"

학생들은 질문을 자기식으로 바꾸며 사고의 문을 연다.

이제 교사는 두 번째 단계로 넘어간다.

'행복'이라는 단어의 의미를 정의해 보자.

한 학생은 "내가 원하는 것을 얻는 상태"라고 말하고, 다른 학생은 "불안이 없는 마음"이라고 정의한다. 서로 다른 정의가 나올수록 대화는 더 풍성해진다.

세 번째 단계.

학생들은 자신의 생각을 뒷받침할 두 가지 논리를 제시해야 한다. 어떤 학생은 "욕망은 무한하므로 절제 없이는 행복이 불가능하다"고 주장하며 철학자 에피쿠로스를 인용한다. 다른 학생은 "욕망이 인간을 발전시켜왔기에 포기하는 것이 꼭 필요한가?"라고 반문한다. 교사는 다음 단계로 이끈다.

"자신의 입장을 반대하는 사람의 시선으로 한번 생각해 보자." 학생들은 자기 생각을 뒤집어보며 논리의 균열과 한계에 직면한다.

바로 이때 혼란(아포리아)이 생긴다. 생각이 막히고, 말이 꼬이고, 답이 없어 보이는 그 순간이 바로 철학이 깊어지는 시간이다. 마지막으로 학생들은 그 혼란을 자기 언어로 정리하며 글로 써내려간다. 이 수업의 목적은 지식을 배우는 것이 아니라, 질문하고 사유하고 정리할 줄 아는 '한 사람'을 만드는 일이다.

• 일상에서 철학하기: 엄마와 아이의 철학 대화.

엄마 민준아, 오늘 친구랑 싸웠다며?

민준 응… 개가 약속을 안 지켰어.

엄마 화가 많이 났구나. 그런데 엄마는 문득 이런 생각이 들었어.

"약속이란 뭘까?" 우리가 그냥 쓰는 말인데, 진짜 약속이 뭐라고 생각해?

민준 음… 꼭 지켜야 되는 것?

엄마 맞아, 그렇게 생각할 수 있어. 그런데 꼭 지켜야 되는데 못 지키는 일이 생기면, 그건 약속을 안 지킨 걸까, 못 지킨 걸까?

민준 …음, 그건… 일부러 그런 게 아니면 좀 다른 것 같기도 해.

엄마 민준이 말처럼, 약속에는 '지킬 마음'도 중요하지 않을까? 그럼 너는 어떤 약속은 정말 꼭 지켜야 한다고 생각해?

민준 친구랑 비밀을 얘기했으면, 그건 꼭 지켜야 해.

엄마 그 말을 들으니까 엄마는 또 이런 질문이 생겨. "친구란 뭘까?" 그럼 우리 같이 정의해 볼까?

철학은 특별한 교실에서만 이루어지지 않는다. 일상 속 대화, 아이의 마음을 듣는 태도, 질문 하나하나에서부터 철학하는 아이가 자라난다.

지식의 양을 줄이고, 생각하는 힘을 기르라

프랑스의 철학 교육은 칸트가 강조했던 것처럼 철학을 배우는 것이 아니라 철학하는 것을 배우는 시간이다. 직접 철학자가 되어 스스로 생각하도록 이끄는 시간이다. 유치원부터 고등학교까지, 아이들은 질문을 통해 개념을 익히고, 논리를 세우고, 자신의 생각을 말하고 쓰는 법을 배운다. 철학자는 배우되 흉내 내는 것이 아니라, 스스로 철학하게 하는 교육이다. 정답이 없는 질문 앞에서 아이는 혼란을 겪지만, 바로 그 혼란을 통해 자신만의 언어와 생각을 가지게 된다. 철학은 프랑스 교육이 지향하는 가장 깊은 정신이며, 인간을 자유롭게 만드는 사고의 도구다.

그에 비해 한국의 교육은 여전히 '정답 있는 교육'에 머물러 있다. 질문보다 답이 중요하고, 사유보다 암기를 해야 살아남는다. 그렇게 자란 아이는 정답은 말할 수 있지만 자기 생각은 말하지 못하는 어른이 된다. 철학을 배운다는 것은 스스로 생각을 선택하고 표현할 수 있는 인간이 된다는 것이다. 생각은 저절로 자라지 않는다. 그것은 훈련을 통해 자라는 것이고, 철학은 그 훈련이 이루어지는 가장 오래된 학교다. 이제 우리 교육도 지식의 양을 줄이고, 생각의 힘을 기르는 방향으로 전환해야 한다. 아이가 자기 목소리를 찾을 수 있도록, '답을 말하는 교육'에서 '질문하는 교육, 생각하는 교육'으로 넘어가기를 바란다.

23장

미술 교육,
프랑스 아이는 말보다 그림을 먼저 배운다

프랑스 남부 뱅스Vence에 있는, 한 폭의 수채화처럼 아름다운 프레네 학교를 방문한 적이 있다. 작은 언덕에 기대어 선 그 학교는 바람과 햇살, 아이들의 생기가 교실마다 스며들어 있는 곳이었다. 어느 곳을 둘러보아도 자유롭고 활기찬 숨결이 공간을 감싸고 있었다. 무엇보다 나를 사로잡은 것은 유치원 교실 벽면에 붙어 있는 아이들의 그림이었다. 태양은 금빛 머리카락을 휘날리며 웃고 있었다. 하늘엔 파란색, 붉은색, 초록색 옷을 입은 새들과 나비들이 함께 날아가고, 아빠 나무는 수많은 팔을 벌려 하늘을 안고 있었다. 한 작품 한 작품을 바라볼수록 놀라움을 금치 못했다. 아이들의 손에서 어떻게 이런 섬세한 표현과 다채 로운 색감이 가능할까? 아이들의 작품은 살아서 활발한 몸짓으로 이야기를 하고 있었다. 아이들은 완벽한 예술가요, 아름다운 이야기꾼이었다. 프랑스 아이는 말보다 그림을 먼저 배운다[*]는 말이 가장된 말이 아니라는 것을 실감했다.

잘 그리는 것보다 '느끼고 표현하는 힘'을 중요하게 여긴다

프랑스 유아 학교의 미술 교육 시간은 많다. 아이들은 매일 '아틀리에' 시간에 물감, 점토, 나뭇잎, 스펀지 같은 재료를 손에 쥐고 자신만의 세계를 만든다. 이 시간은 아이가 말로 표현하기 어려운 내면을 색과 형체로 드러내는 시간이다. 교사는 그림을 평가하지 않고, "왜 이 색을 골랐니?", "어떤 기분이었니?" 같은 질문을 통해 아이 스스로 그림에 의미를 부여하도록 돕는다. 이는 아이 자신이 존중받고 있다는 걸

---

[*] 신유미 · 시도니 벤칙, 《프랑스 아이는 말보다 그림을 먼저 배운다》, 지식너머, 2021.

느끼는 소중한 시간이다. 이 존중감은 자존감을 키우고 창의력의 뿌리가 된다. 아이 중심 교육을 강조한 프랑스 교육자 필립 메로가 말했듯, "교육은 아이를 있는 그대로 받아들이는 것에서 시작된다." 프랑스 미술 교육은 평가하지 않고 공감하며, 보다 넓은 해석으로 세상을 볼 수 있게 한다.

프랑스에서는 미술이 교실 안에만 머무르지 않는다. 점토로 빚는 감각, 나뭇잎을 붙이는 창조, 그림자 놀이, 색과 소리를 연결한 움직임까지 미술은 아이의 일상 속에 자연스럽게 스며들어 있다. 부모는 그림의 완성도를 먼저 따지지 않는다. 그 안에 담긴 감정의 깊이를 읽어내려 한다. "나무가 왜 춤을 추고 있을까?"라는 질문은 그림을 통해 감정을 읽고, 가족 간의 소통으로 이어진다. 아이가 "이건 미끄러워!", "이건 따뜻해!"라고 말하면서 자신의 감각을 발달시킨다. 이러한 활동은 시각 공간 지능과 신체 감각, 감정 조절 능력을 동시에 길러준다.

프랑스 부모들은 그림을 그릴 때 창의력과 표현의 진정성을 소중히 여긴다. 영국의 소아과 의사이자 정신분석가인 도널드 위니컷 박사는 창의성은 혼자 있는 능력에서 시작된다고 했다. 아이는 혼자 있는 고요한 틈 속에서 스스로의 세계를 만들어간다. 때로는 아무것도 하지 않는 심심한 시간이 창의적인 순간을 만드는 시작점이다. 프랑스에서는 미술을 '잘 그리는 법'이 아닌 '자기답게 표현하는 법'으로 가르친다. 작품 속에 자기의 세상과 느낌을 담으면 그것으로도 충분한 가치가 있다. 아이의 작품은 버려지지 않고 간직되며, 학교와 지역사회에서는 작은 전시회를 통해 공적 가치를 부여한다. 아이는 그림을 통해 존재하는 자신의 모습을 나타내고 자신을 사랑하고 나아가 자신을 담고 있는 세상을 사랑하는 법을 배워간다.

프랑스 정부는 미술을 삶의 축으로서 강력히 뒷받침한다

프랑스에서 미술 교육은 일부 아이들의 특별한 재능을 위한 것이 아니라, 모든 아이가 누려야 할 권리로 여긴다. 프랑스 교육부와 문화부는 '예술·문화교육[EAC]' 정책을 통해 아이들이 예술 작품을 감상하고 창작 활동에 참여하며, 문화적 맥락을 이해할 수 있도록 학교 안팎의 다양한 예술 경험을 제공한다. 특히 2013년부터는 모든 학생이 학창 시절 중 최소 하나 이상의 예술 프로젝트에 참여하도록 법적으로 보장하고 있다. 프랑스에서 미술은 학교에서만 배우는 교과목이 아니라 삶의 일부로 보고 있다.

이러한 철학은 교실 속에서 실천으로 이어진다. '예술가 초청 프로그램'을 통해 실제 작가가 학교에 초대되어 아이들과 함께 그림을 그리고 전시를 기획하기도 한다. 미술관 교육팀이 직접 학교로 찾아오는 'Musée en classe' 프로그램도 운영된다. 이동이 어려운 지역 아동들도 예술에 접근할 수 있도록 공간과 계층을 뛰어넘는 예술 교육이 활발히 이루어진다. 또한 지역마다 운영되는 청소년문화센터MJC에서는 다양한 예술 강좌와 가족 전시회가 열려 아이들이 어렵지 않게 지역사회 활동에 참여하여 자기를 표현할 기회를 가진다.

프랑스 정부는 문화예술교육을 헌법적 권리이자 공공의무로 간주한다. 문화부와 교육부는 해마다 예산의 일정 비율을 문화예술교육에 배정한다. "문화는 선택이 아니라 민주주의의 토대이며, 아이들의 미래를 위한 기본권이다." 프랑스 문화부 전 장관 오렐리 필리페티의 이 말은, 미술 교육을 향한 프랑스 사회의 신념을 잘 보여준다. 부모와 교사는 이러한 국가적 뒷받침 속에서, 아이의 그림을 단순한 놀이가 아닌 존재의 표현으로 이해하고 지지하고 있다.

비교하지 않는 미술교육이 창의력을 키운다

한국의 미술 교육은 아직도 '결과'를 중심으로 돌아간다. 그림을 얼마나 잘 그렸는지, 실제 사물과 얼마나 비슷한지를 기준 삼아 평가를 한다. 더구나 자신의 존재를 표현하는 미술조차 성적을 매겨 다른 사람과 비교 경쟁하는 과목이 되어버렸다. 아이는 자유롭게 표현하기보다 정해진 틀 안에서 남들이 인정하는 좋은 그림을 그리려고 한다. 창의적인 실험보다는 눈치 보며 '잘 보이는 그림'을 그린다. 프랑스의 교실에서는 '무엇을 그렸느냐'보다 '어떤 마음으로 그렸느냐'를 묻는다. 아이가 그린 빨간 하늘도, 손가락으로 흩뿌린 물감 자국도 모두 의미 있는 표현으로 존중받는다.

프랑스에서는 미술을 비교하지 않는다. 미술은 아이의 내면을 이해하는 언어다. 아이의 그림은 감정을 담은 편지이고, 상상으로 엮은 이야기다. 교사는 그것을 평가하는 대신 함께 감상하고 질문하며, 부모 역시 완성도보다는 개성에 관심을 둔다. "왜 이런 모양이 되었을까?", "여기엔 어떤 기분이 들어 있어?"와 같은 질문은 아이에게 '표현해도 괜찮다'는 안전한 신호를 보낸다. 이런 환경 속에서 아이는 평가에 대한 두려움 없이 몰입을 경험하고, 창의력은 날개를 단다.

한국 가정에서 실천할 수 있는 프랑스식 미술 교육 10가지

① 그림의 결과보다 마음을 물어보라.

"이게 뭐야?" 대신 "어떤 기분으로 그렸어?", "이건 무슨 이야기야?"와 같은 질문을 던져보라. 아이의 그림은 감정과 상상의 언어이다.

② 아이의 그림을 소중히 간직하라.

버리지 말고 벽에 걸어두거나 냉장고에 붙여주라. "이건 네가 4살 때 그린 별이야"라는 말 한마디는 아이의 자존감을 몇 년치 키워준다.

③ 비싸지 않은 재료로 자유롭게 그리게 하라.

전문 미술도구보다 종이, 색연필, 나뭇잎, 손가락, 물감 한 방울이 더 중요한 때가 많다. 재료보다 중요한 것은 아이의 선택권이다.

④ '정답 없는 미술'을 허락하라.

하늘이 빨갛고 나무가 보라색이면 어떤가? 프랑스처럼, 정답 대신 개성과 상상력을 응원해 주라.

⑤ 심심한 시간을 허용하세요.

지루한 순간에 아이는 상상하기 시작한다. 프랑스 부모처럼 아무것도 하지 않을 자유를 주라. 창의력은 '심심할 틈'에서 자란다.

⑥ 그림이 감정을 표현하는 도구임을 알려주라.

"속상했구나, 그걸 이렇게 그렸구나." 하고 말해 보라. 미술은 아이가 말로 표현하지 못하는 감정을 드러내는 도구이다.

⑦ 아이의 미술 활동을 평가하지 마라.

"잘했다", "더 예쁘게 그려야지"라는 말보다 "너답다", "이건 참 독특하네." 같은 말이 아이의 예술가적 자아를 지켜준다.

⑧ 작은 전시회를 열어주라.

집에서 일주일에 한 번, '우리 집 미술관'을 만들어 보라. 벽에 그림을 붙이고, 가족이 돌아가며 감상평을 나누면 아이에게 그림이 '세상과 연결되는 기쁨'이 된다.

⑨ 미술관을 산책하듯 방문하라.

정답을 찾기 위한 관람이 아니라, 느끼고 상상하기 위한 시간으로 만들어주라. "이 그림을 보면 무슨 냄새가 날까?", "이 장면에 네가 있다면 어디에 있을까?"라고 물어보라.

⑩ 함께 그려보라.

부모도 함께 그림을 그려보라. 어른이 정답을 모르고 표현하는 모습을 보며 아이는 "그려도 괜찮다"라는 용기를 얻는다. 예술은 '잘함'이 아니라 '함께함'에서 시작된다.

미술 교육은 잘 그리는 법을 가르치는 것이 아니라 아이가 자기답게 표현할 수 있는 세상을 열어주는 일이다

프랑스의 미술 교육은 잘 그리는 법을 가르치는 것이 아니다. 아이가 자기답게 표현할 수 있는 세상을 열어주는 일이다. 비교 없는 시선, 평가 없는 환경, 그리고 감정과 상상을 존중하는 따뜻한 태도 속에서 아이는 자유롭게 자기의 이야기를 담아 그림을 그린다. 그림은 아이의 자화상이며 깊은 진심이 깃들어 있다. 아이는 마음껏 느끼고 표현할 수 있는 자유와 격려가 필요하다. 부모와 교사는 동반자이며 격려자다. 아이는 한 장의 그림 속에 자신을 담고, 자신이 살아가고픈 세계를 담는다.

24장

문학 교육은 어릴 때부터 삶의 한 부분이다

"때때로 선원들은 심심풀이 삼아

넓은 바다를 나는 커다란 새, 알바트로스를 잡는다.

게으른 듯 유유히 바다 위를 따라다니는

항해의 동반자, 깊은 바닷골을 미끄러지듯 지나던 그 새를.

갑판 위에 그들을 내려놓자마자,

하늘의 왕자들은 어색하고 부끄러워하며,

커다란 흰 날개를 불쌍하게 늘어뜨린 채

노처럼 양옆에 질질 끌며 무기력하게 선다."

• 샤를 보들레르Charles Baudelaire, 《악의 꽃Les Fleurs du Mal, 1857》 중에서

프랑스 교실. 한 아이가 눈을 감고 보들레르의 시를 암송한다. 아이들도 교사도 조용히 시를 감상한다.

프랑스 학생들은 시를 외운다

프랑스 학생들은 초등학교에서부터 2주에 한 번 교사가 알려주는 시를 외운다. 시를 외우고 나면 시 속 화자의 감정을 이해하고 화자와 대화한다. 시 속의 상징과 은유도 해석하며, "당신이 이런 상황이라면 어떻게 할까?"를 두고 토론을 한다. '하늘의 왕자'였던 알바트로스가 땅 위에선 날지 못하는 존재가 되는 그 한 장면에서, 아이들은 아름다움이 조롱당할 수 있다는 사실과, 위대함이 현실에서 불편하게 보일 수 있다는 모순을 배운다. 시는 단지 외워지는 것이 아니라 느껴지고 생각되며, 내면에 거처를 만드는 것이다.

프랑스에서는 시를 외우고 문학 책을 읽는 것은 특별한 것이

아니다. 문학은 삶의 일부분이다. 문학을 통해 생각하는 법을 배우고, 다른 사람의 생각을 읽기도 한다. 문학을 통해 삶을 통찰하는 눈을 가지고, 살아갈 인생길을 미리 걸어보기도 한다. 그래서일까. 노벨문학상을 가장 많이 받은 나라는 미국도 영국도 아닌 프랑스다. 그 힘은 위고나 사르트르 같은 위대한 이름 이전에, 시 한 편을 온몸으로 외우고 삶과 시를 연결하는 문학적 삶에서 시작되지 않았을까?

프랑스의 문학 교육은 어떻게 지켜지고 있는가?

프랑스는 문학을 그냥 '좋아한다'고 말하지 않는다. 그들은 문학을 '지킨다'. 마치 오래된 성당을 보존하듯, 작가의 문장을 문화의 유산으로 여긴다. 그 신념은 제도와 정책, 그리고 교육 현장에 그대로 녹아 있다. 문학은 국가가 지켜야 할 정신의 뿌리로서 중요하게 생각한다. 교육현장은 문학에 대한 신념을 고스란히 품고 있다. 유치원에서는 언어가 가지고 있는 음악성을 오감으로 체험한다. 아이들은 동화를 듣고, 교사의 말소리를 따라하며, 짧은 시구를 노래처럼 반복한다. "하늘에서 눈이 내린다, 아이는 창밖을 본다."
이처럼 짧은 문장을 소리 내어 읽고, 말하고, 몸짓으로
표현하는 활동을 통해 아이들은 말이 생각과 느낌을 담고
있다는 것을 배운다. 이야기 연극도 자주 등장한다. 동화를
인물의 감정에 따라 말투를 바꿔 이야기 속의 인물처럼
말하며 감정을 배운다. 이야기는 몸으로 느낀다.

초등학교로 올라가면 문학 수업을 통해 다양한 감정을
느끼고 표현하게 한다. 아이들은 짧은 시를 외우고 그 시를
읽고 외우면서 자신의 감정을 글로 표현한다. 시를 외운
뒤에는 주인공에게 편지를 쓰기도 하고, 동화의 결말을
자신만의 방식으로 바꿔보는 창작 활동도 한다. 문학 토론
하는 장면도 흥미롭다. 《어린 왕자》를 읽은 후 교사는
"여우는 왜 어린 왕자에게 길들여 달라고 했을까요?",
"그리고 어린 왕자는 왜 다시 떠났을까요?" 하고 질문을
한다. 그러면 아이들이 삼삼오오 모여 이것에 대해 자유롭게
토론한다. 답은 정해져 있지 않아 아이들의 생각은 더욱
상상의 나래를 펼칠 수 있다.

중학교에서는 문학 수업에 심도 깊은 질문을 하고 시에 대한 해석도 한다. 줄거리를 파악하고 인물의 선택을 분석하며 문장의 상징을 읽어낸다. 시대적 배경을 이해하고 작가의 삶과 사상을 연구하며, 그것을 작품과 연결 짓는 법을 배운다. 예를 들어, 한 프랑스 중학교에서는 알베르 까뮈의 《이방인》을 함께 읽으며, 뫼르소가 어머니의 장례식에서 눈물을 흘리지 않았다는 장면을 중심으로 토론이 열렸다. 교사는 묻는다. "사람은 사랑하는 사람을 잃었을 때 반드시 울어야만 할까요?" 아이들은 자신의 생각을 말하기 시작한다. 어떤 아이는 "울지 않았다는 이유로 비난받는 건 이상해요. 감정 표현은 모두 다르니까요." 하고 말한다. 또 다른 아이는 "하지만 울지 않은 건 슬프지 않았다는 뜻 아닌가요?"라고 반문한다. 이 작품을 통해 인간 존재의 본질을 묻고, 전통적 도덕과 사회 규범에 의문을 던진 까뮈의 부조리 철학을 깊이 있게 배운다. 이런 경로를 통하여 이 소설이 전쟁과 인간성 상실의 시대를 배경으로 쓰인 것임을 학생들은 이해하게 된다.

고등학교에 이르면 문학은 철학과 손을 잡는다. 까뮈,

사르트르, 보들레르 같은 작가들의 작품을 읽는다. 작품을 통해 인간 존재와 사회적 질문에 대해 논리적으로 사고하고 글로 표현하는 훈련을 받는다. 이 시기 아이들은 단지 '작가의 의도'를 찾는 것을 넘어 '나는 작품을 이렇게 읽었고, 그 안에서 나의 생각은 이렇다'는 문장을 구성할 수 있어야 한다. 고등학교 졸업 시험이면서 대학 입학 시험이라 할 수 있는 바칼로레아에서는 작품 분석을 한 후 에세이 쓰기가 매우 중요한 비중을 차지한다. 하지만 프랑스 학생들은 좋은 점수를 얻기 위해 작품을 분석하여 글을 쓰는 것이 아니다. 자신이 작품을 즐기고 재해석해서 자신의 세상으로 받아들이기 위해 글을 쓴다.

프랑스 교실에서는 문학 수업이 다양한 활동과 자연스럽게 연계되어 있다. 프레베르나 보들레르의 시를 낭송하는 대회는 아이들이 감정과 억양을 살려 언어를 다루는 법을 익히게 한다. 몰리에르의 희곡을 무대에 올리는 연극 수업은 문학을 단지 '읽는 것'에서 '살아보는 것'으로 확장시킨다. 《이방인》을 두고 펼쳐지는 토론 수업에선, "뫼르소는 죄인인가, 정직한 인간인가?"를 두고 아이들이 각자의 관점을 나눈다. 프랑스의 문학 교실은 교과서 안에 갇힌 문학이 아니라, 몸으로 말하고 손으로 써보는 문학을 지향한다.

다음은 프랑스 교실에서 자주 이루어지는 대표적인 문학 활동들이다.

- 시 암송 대회
- 작가에게 보내는 편지쓰기
- 문학 토론 클럽 운영
- 연극 공연 준비 및 발표
- 현대 문학 독서 후 수상작 선정 활동 (고등학생 공쿠르상)
- 시의 화자 되어 일기 쓰기
- 문학 작품 기반 짧은 영화 제작
- 문학 주제에 따른 콜라주나 그림 활동
- 시각 예술과 문학 결합 워크숍
- 지역 도서관과 연계한 문학 캠프

이런 문학적 교육이 가능하기 위해서는 제도적 뒷받침이

필요하다. 프랑스 정부는 문학을 생각과 사상을 키워 삶을 풍요롭게 하는 핵심 과목으로 보고 있다. 프랑스 교육부와 문화부가 공쿠르 아카데미와 협력하여 운영하는 '공쿠르 상'은 프랑스의 고등학생들이 직접 참여하여 한 해 동안 출간된 주요 프랑스어 소설들을 읽고, 토론하고, 심사하여 수상작을 선정하는 문학상이다. 그 외에도 전국 규모의 시 낭송 대회, 문학 캠프, 작가와의 만남 프로그램 등은 학생들이 문학을 개인적 경험을 뛰어넘어 사회 활동으로 성화시킨다. 프랑스 문화부는 매년 "10대 청소년 추천 문학 작품"을 선정하여 전국 학교에 배포하고 지역 도서관과 연계한 독서 활동을 지원한다.

아이가 문학을 통해 세상을 느끼고, 생각하고, 표현하는 존재로 성장하도록 도우라

필자가 교단에 있을 때 시 암송 수업을 했다. 부모님과 의논해서 시 한 편을 정하고 그것을 매일 아침 한 명씩 암송하는 것이다. 암송이 마치면 친구들이 질문을 하고 암송한 사람은 그에 답하게 했다. 얼마 지나지 않아 엄청난 일이 벌어졌다. 처음에는 단순하던 질문들이 시간이 지날수록 발전에 발전을 거듭하고, 내 무릎을 치는 놀라운 질문이 나오기 시작했다. 암송하는 학생은 그 질문에 대답하기 위해, 시인의 철학과 사상, 시대적 배경을 연구해 와야 했다. 아이들의 질문과 대답은 문학평론가의 수준에 이를 정도로 깊고 다양했다. 아이들은 질문과 연구를 통해 스스로 배우고 성장해 나가는 감탄의 시간을 누렸다.

프랑스 문학 교육은 단지 문학 작품을 읽고 이해하는 것을 넘어서, 아이가 문학을 통해 세상을 느끼고, 생각하고, 표현하는 존재로 성장하도록 돕는다. 그들이 문학을 중요하게 여기는 이유는, 문학이 인간을 이해하고 사회를 성찰하는 데 꼭 필요한 사유의 도구이기 때문이다. 문학은 아이가 세상과 자신을 이해하고, 타인의 감정을 상상하고 공감하는 창이다. 프랑스처럼 문학을 삶의 질문으로 이끌어내고 해석하여 자신의 삶의 철학으로 승화 발전시키면 좋겠다. 문학은 우리 아이들이 글과 이야기, 생각을 사랑하며 다른 사람들과 연대할 줄 아는 생각하는 따뜻한 인간으로 만들어갈 것이다.

V
프랑스 교육의 시스템에
프랑스 교육의 정신이 스며있다

25장

프랑스 교육의 3대 원칙;
의무교육, 무상교육, 중립교육

프랑스에서 교육은 지식의 전달을 넘어, 다음 세대가 시민으로 자라나는 토양이다. 자유, 평등, 박애라는 프랑스 공화국의 이념은 교실 안에서 교육으로 실현한다. 그 중심에는 '의무, 무상, 중립'이라는 세 가지 원칙이 있다. 교육을 통해 어떤 인간을 기르고 어떤 사회를 만들어 갈 것인가에 대한 국가적 대답이다. 프랑스는 모든 아이가 배우며 자랄 권리를 보장하고 있다. 어떤 배경에서도 차별 없이 교육받을 수 있도록 무상의 원칙을 지킨다. 누구도 특정 신념이나 권력으로부터 억눌리지 않도록 학교의 중립성을

보호한다. 의무, 무상, 중립의 세 원칙은 프랑스가 교육을
통해 공화국을 지켜가는 실제적 기초가 된다.

의무교육, 모든 아이는 배우며 자랄 권리가 있다

모든 사람은 교육받을 권리가 있다. 의무교육은 단순히
학교에 출석할 권리를 말하지 않는다. 아이가 사회적 책임을
갖춘 존재로 성장할 수 있도록 배울 수 있는 권리로서
자유롭고 평등한 사회를 만들기 위한 첫걸음이다. 지금
프랑스에서는 만 3세부터 16세까지 의무교육을 받아야 한다.
이 법은 19세기 후반, 교육부 장관 쥘 페리Jules Ferry에 의해
만들어졌다. 그는 "공화국은 무지 위에 세워질 수 없다"고
말하며, 모든 아이가 학교에 다닐 의무가 있고, 국가는 그
길을 열어야 한다고 주장했다. 그 결과 1881년부터 프랑스는
누구나 다녀야 하는 공립학교를 만들었고, 지금도 이 정신을
이어가고 있다.

이 원칙에는 프랑스인들의 철학이 들어있다. 루소는 "교육을

받지 못한 사람은 진짜 자유로운 인간이 될 수 없다"고 말했다. 그는 아이가 교육을 통해 사회 속에서 참된 인간으로 살아갈 줄 아는 존재로 자라야 한다고 말했다. 계몽주의 사상가 콩도르세는 "국가는 모든 아이에게 공교육을 제공할 책임이 있다"고 주장했다. 근대 사회학자 에밀 뒤르켐도 "교육은 개인을 사회로 통합시키는 가장 중요한 과정"이라며, 의무교육은 개인이 사회를 함께 살아가기 위한 기본 훈련이라고 했다. 교육이 이루어지지 않는다면 아이는 자신에게 주어진 가능성을 발견하지 못한 채 소외될 수밖에 없다. 의무교육은 아이의 가능성을 사회 전체의 자산으로 환원시켜 모두가 유익하게 하는 긍정적 효과를 만들어 낸다.

오늘날 프랑스에서 의무교육은 아이를 사회의 일원으로 세우고, 계층이나 지역, 출신과 상관없이 동등하게 시작할 수 있는 기회를 보장하는 제도다. 교육은 사회적 이동성과 연결되어 있다. 기회균등이 무너지면 사회는 양극화와 함께 사회적 갈등이 증폭될 수밖에 없다. 교육은 사회적 이동성을 높이고 기회를 균등하게 부여한다. 교육은 이런 문제를 해결하는 데 가장 큰 힘을 발휘한다. 국가는 아이들이 어디서든 교육받을 수 있는 권리를 보장해야 한다.
의무교육은 학생을 학교에 보내는 일에 국한되는 것이 아니라
모든 시민이 함께 사는 사회를 만들어가는 기초가 된다.

무상교육, 교육은 누구에게나 열려있어야 한다

프랑스 교육의 두 번째 원칙은 무상gratuité이다. 교육은 특정
계층만 누릴 수 있는 특권이 아니라, 모든 아이가 당연히
누려야 할 보편적 권리라는 사고에서 출발한다. 이는 아이의
잠재력과 꿈이 가정의 경제력에 따라 제한받지 않아야
한다는 것이다. 국가가 공교육을 무상으로 제공하는 이유는
아이의 권리를 지켜주기 위한 실질적 방안이기 때문이다.
경제적 격차가 배움의 기회를 가로막으면, 공화국의
'평등'이라는 이상은 실현될 수 없으며, 의무교육의 실질적
실현을 가져오지 못한다.

무상의 원칙 역시 19세기 쥘 페리 개혁을 통해 제도화되었다.
그는 "공화국은 공통된 교육을 통해 만들어진다"라고 보았고,

그 교육은 비용 없이 모든 사람에게 열려있어야 한다고 믿었다. 프랑스혁명 이후 형성된 시민 교육의 이상은, 교육이 '공적 재화'라는 철학과 맞닿아 있다. 이후 프랑스는 공립학교의 수업료를 없애고, 교과서 무상 제공, 학용품 지원, 교통비 감면 등의 정책을 확대해왔다. 고등교육 단계에서도 CROUS(국립기숙사 관할 기관)를 통해 기숙사, 식사, 장학금을 지원하며, '배우고자 하는 자에게는 국가가 길을 내준다'는 실천적 신념을 지켜내고 있다*.

---

* 1. 공립학교 수업료 전면 면제: 프랑스의 유치원(école maternelle), 초등학교, 중학교, 고등학교에 해당하는 모든 공립 교육기관은 수업료가 전혀 없다. 부모는 아이를 학교에 보내는데 비용 걱정을 하지 않아도 되며, 이로써 사회경제적 격차에 따른 배움의 불평등을 최소화한다. 파리 외곽의 공립 유치원에 다니는 아이도, 리옹 시내의 초등학교에 다니는 아이도 동일한 조건에서 무상교육을 받고 있다.

2. 교과서 무상 제공: 중학교(collège)와 고등학교(lycée)에서는 모든 교과서가 무상으로 대여된다. 학생은 필요한 책을 모두 학교에서 받고, 학년이 끝나면 반납한다. 이는 학부모의 경제적 부담을 덜어주는 대표적 정책이다. 프랑스에서는 한 학기 8~10과목에 해당하는 교과서를 전부 학교에서 무료로 받고, 분실하거나 훼손하지 않는 한 추가 비용이 발생하지 않는다.

3. 저소득층 학용품 지원(PASS SCOLAIRE): 매년 신학기에는 저소득 가정을 위한 학용품 구입 보조금이 지급된다. 이 지원은 자동으로 입금되며, 소득 수준에 따라 차등 지급된다. 이 제도는 "allocation de rentrée scolaire(ARS)"라고 불린다. 10세 자녀가 있는 저소득 가정의 경우에는 새 학기를 앞두고 약 400유로 상당의 지원금을 받는다.

4. CROUS(국립기숙사 관할 기관): 대학교에 진학한 학생들은 CROUS(Centre

무상교육은 '돈을 받지 않는다'라는 이상의 의미를 가지고 있다. 그것은 아이를 단지 누군가의 자녀가 아니라 공화국의 한 시민으로 받아들이는 행위이다. 프랑스 교육학자 자크 랑시에르^{Jacques Rancière}는 "교육은 불평등을 되풀이하지 않는 첫 번째 공간이 되어야 한다"고 강조한다. 부모의 배경, 출신 국가, 문화자본*의 차이가 아이의 미래를 결정하지 않도록 교육은 철저히 국가가 보장해야 한다. 그런 면에서 무상은 재정의 문제가 아니다. 사회 정의^{justice}의 문제다. 교육이 누구에게나 열려있고 그것을 자신의 어떤 조건과 상관없이 얻을 수 있도록 해야 한다.

Régional des Œuvres Universitaires et Scolaires)를 통해 장학금, 기숙사, 식사 지원을 받을 수 있다. 또한 CROUS 식당에서는 대학생이 한 끼 식사를 3.30유로(저소득층은 1유로)에 이용할 수 있도록 보장하고 있다. 그 예로, 파리제1대학에 다니는 학생이 CROUS 기숙사에 거주할 수 있고, 하루 3유로로 점심과 저녁을 해결할 수 있다.

5. 통학 · 교통비 보조: 지방에 거주하는 학생들을 위해 버스 정기권이나 통학 교통비가 부분 또는 전액 지원된다. (예: 농촌 지역에서 도시의 중학교로 통학하는 학생에게, 지역 교육청이 전세 버스를 운영하거나 교통 패스를 무료로 제공한다.)

* 문화자본이란, 개인이 가정이나 사회를 통해 습득한 지식, 언어, 태도, 문화적 취향 등 비물질적 자산을 말한다. 교육이 평등을 기하는 것처럼 보이지만 실제로는 문화자본이 있는 가정에서 자란 아이에게 더 유리한 구조라고 주장한다.

프랑스 교육의 세 번째 원칙은 라익시떼, 즉 중립성^{laïcité}이다. 이것은 흔히 '세속성^{secularism}'으로 번역되지만, 프랑스의 라익시떼는 단순히 종교를 배제하는 것이 아니다. 모든 신념과 의견이 평등하게 공존할 수 있도록 하는 철학적 원칙이다. 학교는 특정 종교나 정치적 이념이 우위를 점하지 않는 공공의 중립 공간이다. 중립은 단지 아무 말도 하지 않는 침묵이 아니다. 모든 생각이 공정하게 다뤄지고, 누구의 목소리도 소외되지 않는 환경을 만드는 노력이다. 학생은 그 안에서 자신의 정체성과 타인의 다름을 동시에 존중하며 자라날 수 있어야 한다. 이 원칙 덕분에 아이들은 자기의 생각을 자신 있게 말하고, 질문하며, 나와 다른 존재를 이해하는 법을 배운다.

중립의무는 1905년 정교분리법에 뿌리를 두고 있으며, 2004년 '종교 상징물 금지법'으로 제도화되었다. 공립학교에서 학생은 히잡, 큰 십자가, 유대교 키파 등 뚜렷한 종교 상징물을 착용할 수 없다. 이 조치는 특정 종교를 억압하기 위한 것이 아니라 모든 아이가 '신앙'이 아닌 '존재'로서 서로를 대할 수 있도록 하기 위함이다. "종교는 집에서 믿고, 학교에서는 함께 배운다"는 말은 라익시떼의 정신을 보여준다. 또한 교사는 수업 중 어떤 정치적 견해도 드러내지 않는다. 선거 기간에도 중립을 지킨다.

오늘날 프랑스 학교에서는 매년 12월 '라익시떼 주간Semaine de la laïcité'이 운영된다. 이 기간 동안 학생들은 표현의 자유와 종교적 관용에 대한 만화책을 읽고, '나와 다른 친구를 위한 포스터 만들기', '신념에 대해 이야기 나누기' 등 다양한 활동에 참여한다. 교사는 판단을 강요하지 않고 오히려 판단을 보류할 수 있는 여지를 남긴다. 라익시떼는 때로 "왜 히잡을 벗으라고 하느냐?"는 비판을 받기도 한다. 이는 신념의 억압이 아니라 평등한 공적 공간을 위한 '형식의 배려'라고 말한다. 프랑스 교육학자 레지스 드브레Régis Debray는 "중립성은 무색무취가 아니라, 공존을 위한 가장 능동적인 조건"이라 말했다. 학교는 능동적으로 함께 살아가는 사회를 만들고 있다.

아이는 배우며 자랄 권리가 있고 그 기회는 누구에게나 열려있다. 학교는 아이 모두의 사고가 자랄 수 있는 공간이어야 한다

프랑스 교육을 지탱하는 세 가지 원칙은 아이 한 명을 시민으로 길러내기 위한 공화국의 철학적 토대다. 모든 아이가 배우며 자랄 권리를 갖고, 그 배움의 기회는 누구에게나 열려있으며, 학교는 누구의 신념도 우위에 두지 않고 모두의 사고가 자랄 수 있는 공간이어야 한다. 이 원칙들은 교육이 사회 전체를 지탱하는 공공재라는 사고에서 비롯된 것이다. 프랑스 학교는 존엄과 공존과 사고와 책임을 묻고 배우는 곳이다. 세 가지 원칙은 모든 사람이 소외받지 않고 인간의 권리로서 누릴 수 있도록 뒷받침해 주고 있다.

26장

아이들은 교실에서 다름을 마주하고 관용을 익힌다

"나는 당신의 말에 동의하지 않는다. 하지만 당신이 그 말을 할 권리를 지켜주겠다." 볼테르의 이 말은 프랑스식 관용을 가장 잘 표현한 말이다. 관용이란 다른 사람의 의견을 참고 견디는 소극적인 태도가 아니다. 오히려 서로 다른 의견과 신념이 자유롭게 표현되도록 인정하고 허용한다는 뜻으로, 서로 다른 사람들이 평화롭게 공존하기 위한 적극적인 윤리이다. 프랑스에서 관용은 개인이 갖추어야 할 미덕을 넘어 공화국을 지탱하는 핵심적인 사회적 가치로 자리 잡았다. 관용은 다양한 의견과 사상이 존재하는 프랑스 사회를 사회적 갈등과 분열로 나가지 않도록 붙잡아주고 있다.

프랑스 교육에서 관용이 중요한 이유는 프랑스 공화국의 3대 정신인 자유, 평등, 형제애가 교실과 일상에서 원활하게 작동할 수 있게 만들어주기 때문이다. 학교에서 아이들은 관용을 통해 자신과 다른 친구의 의견을 존중하고, 서로의 차이를 자연스럽게 받아들이는 법을 배운다. 아이들이 서로의 차이를 이해하고 받아들일 때, 교실은 서로의 존재를 인정하는 민주적인 공동체가 된다. 관용은 다변화되는 우리 사회를 치유하고 통합으로 이끄는 가장 현실적이고 효과적인 방법이 될 수 있다.

자유와 관용, 표현의 자유를 보장하는 힘

프랑스 교육은 자유를 가장 기본적인 가치로 삼는다. 여기서의 자유란, 자신이 생각한 바를 거리낌 없이 말할 수 있는 권리를 의미한다. 그러나 자신의 의견만 강조할 때 타인의 의견과 충돌하는 것은 필연적이다. 그래서 프랑스 교육은 자유로운 표현과 함께 다른 사람의 표현을 존중하는 관용을 동시에 가르친다. 프랑스 정치철학자 레이몽 아롱Raymond Aron은 "자유란, 자신에게 불편한 의견을 견딜 수 있을 때 비로소 실현된다"고 강조한 바 있다. 표현의 자유를 보장하기 위해선 타인의 생각을 허용하고 받아들일 수 있는 관용이 반드시 필요하다는 말이다.

프랑스의 학교 현장에서는 이러한 자유와 관용이 구체적으로 실천되고 있다. 대표적으로 프랑스의 중고등학교 철학 수업을 예로 들어보자. 학생들은 철학 수업에서 "행복이란 무엇인가?", "정의란 무엇인가?" 같은 주제로 자유롭게 자신의 의견을 발표한다. 이때 교사는 어느 의견이 맞고 틀리는지를 판단하지 않는다. 학생들은 자신과 의견이 다르더라도 그것을 듣고, 존중하는 태도를 갖도록 지도한다. 학생들은 수업을 통해 자신이 자유롭게 의견을 표현할 수 있다는 사실과 함께, 타인의 의견을 존중하는 관용을 자연스럽게 배운다.

프랑스 사람들은 흔히 "누군가의 신념이 자유로울 수 있으려면, 모두가 동등한 조건에서 표현할 수 있어야 한다"고 말한다. 이 말은 자유와 관용의 관계를 명확히 표현한다. 프랑스 교육에서의 자유는 나와 다른 사람의 의견을 견디고 존중하는 관용과 깊이 연결되어 있다. 자신과 생각이 다른 사람의 의견을 먼저 인정할 수 있을 때, 비로소 진정한 의미에서의 표현의 자유가 가능해지기 때문이다. 이것이 바로 프랑스 교육이 자유를 강조하면서도 관용이라는 태도를 동시에 강조하는 이유이다. 프랑스 교실에서 아이들은 '내가 자유로우려면 너도 자유로워야 한다'는 공동체적 인식을 자연스럽게 배우게 되는 것이다.

평등과 관용, 차이를 존중하는 동등한 권리

프랑스 교육에서 평등이란 모든 학생이 출신, 배경, 신념에 상관없이 동등한 기회를 갖고 교육받을 권리를 뜻한다. 프랑스가 생각하는 평등은 단순히 모든 사람을 똑같이 만드는 획일적 평등이 아니다. 각 개인의 차이를 인정하면서도, 그 차이로 인해 차별받지 않는 것이다. 이때 반드시 필요한 태도가 관용이다. 서로 다른 배경과 특성을 가진 학생들이 학교에서 평등하게 공존하려면, 서로의 다름을 허용할 수 있는 관용의 정신이 필수적이다.

프랑스 교육 현장에서 평등과 관용은 교실 문화에서 쉽게 찾아볼 수 있다. 대표적인 예가 장애 학생과 비장애 학생이 함께 수업하는 통합교육이다. 프랑스의 학교에서는 장애를 가진 학생들이 특수학교로 분리되지 않고 일반 학교에서 비장애 학생들과 함께 생활하며 교육받는 환경이 점점 보편화되고 있다. 이러한 통합교육은 장애 학생들이 차별받지 않고 평등하게 교육받을 권리를 보장하는 동시에, 비장애 학생들에게도 다름을 자연스럽게 받아들이고 이해하는 관용을 익히게 한다. 프랑스 교육부는 "모든 아이가 서로의 다름을 배우고 존중할 때 비로소 진정한 평등과 관용이 가능하다"고 강조한다. 이런 측면에서 통합교육 정책을 지속적으로 확대해 나가고 있다.

사회학자 피에르 부르디외Pierre Bourdieu는 "교육에서 진정한 평등이 실현되려면 문화적, 사회적 차이를 있는 그대로 인정하면서도 기회의 균등을 보장해야 한다"고 강조했다. 평등은 모두에게 똑같은 환경을 주는 것이 아니다. 서로 다름을 인정하고 존중하는 가운데 모든 이가 동일한 기회를 누리는 것이다. 이러한 태도는 자연스럽게 교실 안에서 학생들이 서로의 배경과 환경, 신념을 존중하고 이해하는 관용의 실천으로 나타난다. 관용은 학생들이 서로의 차이를 극복하고 민주적인 시민으로 성장하게 돕는 가치이자 태도이다.

형제애와 관용, 공존하는 공동체의 정신

프랑스 교육에서 형제애는 서로 다른 배경, 신념, 문화를 가진 사람들이 하나의 공동체로서 함께 살아가는 공동체적 연대의 정신을 뜻한다. 서로 다른 사람들이 함께 살아가는 공동체를 만들기 위해서는 관용이 반드시 필요하다. 서로 다른 배경과 신념을 가진 사람들이 충돌하지 않고 평화롭게 살아가기 위해서는 상대방을 존중하고 이해하려는 적극적인 노력이 필수적이기 때문이다.

프랑스 학교에서는 이러한 형제애와 관용이 '시민교육^{Enseignement moral et civique}' 수업을 통해 구체적으로 실천된다. 예를 들어 초등학교에서 이뤄지는 그룹 프로젝트에서는 학생들이 서로의 의견을 듣고 함께 협력하여 하나의 결론을 만들어야 한다. 이 과정에서 아이들은 자연스럽게 서로의 다름을 발견하고 받아들인다. 자신과 생각이 다르다는 이유로 친구를 배척하지 않는다. 다른 의견을 가진 친구를 존중하면서 공동의 목표를 향해 나아가는 법을 배운다. 학교는 형제애와 관용으로 서로 다름을 인정하며 함께 살아가는 법을 익히는 작은 공동체이다.

프랑스의 사회학자 에밀 뒤르켐^{Émile Durkheim}은 "교육의 본질은 아이들을 사회의 책임감 있는 구성원으로 만드는 것"이라 말한다. 형제애가 관용과 연결될 때, 학생들은 학교에서부터 타인과 공존하는 시민으로 성장한다. 학교는 서로 다른 생각과 신념을 가진 사람들이 어떻게 조화롭게 살아갈 수 있는지를 실제로 경험하는 삶의 공간이 되는 것이다.

형제애가 관용을 통해 학교에서부터 훈련될 때 비로소
진정한 의미의 공동체적 시민이 길러질 수 있다.

서로 다름을 적대시하지 않고
오히려 그 다름을 존중하고 포용하라

프랑스 교육에서 관용은 공화국의 3대 정신인 자유, 평등,
형제애가 교실과 사회 속에서 실제로 실현될 수 있도록
도와주는 핵심적인 태도이다. 볼테르의 말처럼, 나와 다른
의견을 가진 상대방의 권리를 지켜줄 때 비로소 나의 자유도
보장된다. 평등이 진정으로 실현되려면 차이를 억압하는
것이 아니라 있는 그대로 받아들이고 존중해야 한다. 여기에
공동체적 시민으로 성장하기 위해서는 서로를 형제로
받아들이는 관용의 정신이 필수적이다. 프랑스는 관용의
가치와 태도로 오랫동안 공화국의 정신을 실천해 오고 있다.

지금 우리 사회는 세대 간, 이념 간, 지역 간의 심각한
갈등으로 인해 몸살을 앓고 있다. 이러한 상황에서 프랑스

교육이 강조하는 관용은 한국 사회에도 많은 시사점을 준다. 우리가 서로 다름을 적대시하지 않고 오히려 그 다름을 존중하고 포용하는 법을 배운다면, 현재의 심각한 사회적 갈등을 해결하는 데 큰 도움이 될 것이다. '내가 자유로우려면 너도 자유로워야 한다'는 공동체 의식. 나의 자유를 말하기 전에 타인의 자유를 인정하고 존중하는 태도가 갈등의 불씨를 잠재울 것이다. 서로 다른 생각을 인정하고 받아들이는 관용의 교육이 양육강식의 정글로 변한 교육 현장을 함께 살아가는 안전한 생태계로 만들 것이다.

27장

프랑스는 진로 교육을 통해 삶을 사랑하게 한다

진로는 단순히 무슨 직업을 가지고 살아갈지를 생각하는 것이 아니다. 프랑스 진로 교육의 본질적 질문은 "넌 어떤 삶을 살고 싶니?"이다. 진로는 인생길이다. 인생의 이유를 찾고 어떤 삶을 살고 싶은지를 고민하는 것이다. 그러기 위해서는 먼저 자기 자신을 들여다보고 이해해야 한다. 이 과정에서 교사와 부모는 조언자가 될 수 있다. 하지만 대신 길을 걸어줄 수는 없다. 한국에서는 더 어릴 때, 실수 없이 단 한 번에 자신의 진로를 결정하기를 바란다. 그러다 보니 아이는 자기를 충분히 들여다보며 이해할 시간이 없다. 손쉬운 방법에 따라 부모가 정해준 길을 따라간다. 나중에 방향을 바꾸려 해도 용기를 내기가 쉽지 않다. 늦게 나오더라도 스스로 껍질을 깨고 나온 병아리가 건강하다. 진로 교육도 그렇다. 스스로 결정하고 개척한 길이 건강하다.

진로는 '나 자신을 아는 데서' 시작한다

프랑스 진로 교육의 첫 걸음은 '나는 누구인가?'라는 질문에서 시작한다. 아이가 스스로 좋아하는 것, 싫어하는 것, 잘하는 것, 지루해 하는 것을 하나하나 알아간다. 중학교 단계부터 아이들은 진로 포트폴리오*를 작성한다. 선생님과의 면담을 통해 자신의 생각과 감정을 말로 풀어내며, '어떤 직업이 좋을까'라는 것보다 '나는 어떤 사람인가'를 먼저 탐색하는 것이다. 프랑스 중학교 4학년(한국의 중2에 해당)인 루카는 진로 수업 시간에 선생님과의 대화를 통해 자신이

---

* 학생이 자신의 흥미, 성향, 경험을 체계적으로 정리하고, 이를 바탕으로 진로 방향을 탐색하는 개인화된 기록물이다. 아이가 '나는 누구인가?'를 탐색하며 '어떤 삶을 살고 싶은가?'를 구체화한다.

차분하며, 관찰을 잘한다는 피드백을 들었다. 평소에 말이 적다고 생각했던 루카는 이 장점을 발견한 후, 동물 행동 관찰이나 환경 분야에 관심을 가지기 시작했다. 그의 포트폴리오에는 "나는 혼자 있는 시간을 즐기며, 세밀한 변화를 알아차리는 걸 좋아한다"고 적혀 있었다. 이것은 훗날 진로를 결정하는 중요한 실마리가 된다.

프랑스 교육학자 필립 메리외Philippe Meirieu는 "진로란 코스를 따라가는 것이 아니라, 자신만의 길을 만들어가는 일이다"라고 말한다. 그 길을 찾기 위해서는 먼저 자신을 알아야 한다. 프랑스 교사들은 아이에게 직업을 추천하기보다, 그 아이가 어떤 상황에서 빛나는지를 관찰하고 알려주는 데 집중한다. 그렇기 때문에 아이는 '이 길이 좋다'가 아니라 '이 길은 나와 잘 맞는다'는 느낌을 통해 방향을 잡아간다. 자기를 알아야 자기에게 맞는 것이 무엇인지 알고 준비할 수 있다.

프랑스 진로 교육은 진로를 '듣는 것'이 아니라 '경험하는 것'으로 배운다는 데 있다. 진로는 몸으로 겪으며 느끼게 하는 것이 중요하다고 여겨 중학교와 고등학교에서는 다양한 체험 프로그램을 운영한다. 고등학교 2학년은 약 1~2주의 현장 실습을 한다. 학생들은 기업, 병원, 빵집, 동물보호소 등 자신이 관심 있는 현장을 직접 찾아가 몸으로 진로를 느껴본다. 실습을 마친 뒤에는 보고서를 작성하며 자신이 어떤 상황에서 어떻게 반응하는지를 성찰한다. 이후 친구들과 경험을 공유하며 진로에 대한 생각을 구체화시킨다. 프랑스 교육부의 진로 교육 가이드라인에서도 "체험은 아이의 판단력을 키우는 도구이며, 정보보다 감각이 진로 결정에 더 오래 영향을 준다"고 강조한다.

한국에서는 진로 교육은 책상 위 정보에 의존하거나 직업인을 초청해 강연을 듣는 수준에 그치는 경우가 많다. 현장 실습은 일부 특성화고에서만 가능하고 대부분의 일반고 학생들에게는 대학 입시를 마친 후에야 사회를 만날 수 있다. 진로 체험이 평가에 반영되지 않으면 의미 없다고 생각하는 입시 분위기에서 참된 중요성을 인정받지 못한다. 진로는 간접적 정보만으로 결정하기는 쉽지 않다. 아이가 한 번이라도 스스로 체험하고 거기서 무언가를 느꼈다면 그 느낌이 자신의 삶을 개척할 원동력이 된다.

다양한 선택지(Pluralité des parcours): 한 길만 있는 것은 아니다

프랑스는 아이가 선택할 수 있는 진로 경로가 다양하다. 고등학교에 진학하면 일반고, 기술고, 직업고 중에서 자신의 성향에 맞는 길을 선택할 수 있다. 이 세 가지는 우열을 따지는 수직적 서열이 아니다. 자신의 성향과 희망에 따른 수평적 대안으로 바라본다. 선택한 길을 중간에 바꿀 수 있도록 유연하게 허용하고 있다. 프랑스 교육은 실수를 허용한다. 길을 돌아가는 것도 결코 부끄러운 일이 아니라고 말한다.

진학 제도도 유연하다. 'Parcoursup'이라는 국가 플랫폼을 통해 학생들은 대학, 전문대, 예술학교, 직업교육기관 등 다양한 고등교육 기관에 지원할 수 있다. 이때 성적뿐 아니라 자기소개서, 포트폴리오, 교사의 의견 등 다양한 자료를 함께 평가한다. 이는 자신에게 알맞은 것을 찾아 선택하도록 돕는 시스템이다. 실제로 음악을 좋아하던 한 여학생은 일반고에서 시작했지만, 1학년을 마친 후 예술 특화 직업고로 전환했다. 학생은 처음에는 두려웠지만 시간이 지나고 나니 매일 학교 가는 일이 즐거워졌다고 말한다. 이처럼 프랑스는 한 방향만 강요하지 않고, 아이가 자기를 탐색하며 삶의 방향을 설계할 수 있는 시간을 허락한다.

아이 중심(Auto-détermination): 진로는 아이의 삶, 선택은 아이의 몫

프랑스의 진로 교육은 아이가 주체가 되어야 한다고 믿는다. 교사는 정보를 제공하고 길을 보여주는 안내자일 뿐 진로를 대신 정해주지 않는다. 부모 또한 조언은 하되 개입은 삼가며 아이가 시행착오를 겪을 수 있는 공간을 지켜준다. 이들은 진로 결정을 할 때 틀리지 않는 정확성보다 결정 과정에서 아이가 주체성을 가지고 결정하는 것이 더 중요하다고 여긴다. 진로는 아이가 스스로 고민하고 선택해야만 끝까지 책임지고 밀고 나갈 수 있기 때문이다.

프랑스 북부 도시 릴Lille의 한 고등학교에서는 2학년 학생들을 대상으로 '진로 속 이야기'라는 프로그램을 운영한다. 이 활동에서 학생들은 '지금까지 진로에 영향을 준 사람, 책, 경험'을 스스로 정리한 뒤, 앞으로의 선택에 대한 고민을 글로 풀어낸다. 교사는 "이 길이 맞다, 저 길이 더 유리하다"는 말을 하지 않는다. 대신 "너는 왜 그렇게 생각하니?", "그 경험이 너에게 어떤 영향을 주었니?" 같은 질문을 통해 아이 스스로를 들여다보게 한다. 진로는 '외부로부터 선언되는 것이 아니라 내부로부터 형성되는 것이다'라는 믿음을 프랑스 사회는 가지고 있다.

한국에서는 진로 선택은 빠를수록 좋고, 변하지 않는 것이 안정적이라는 생각이 자리하고 있다. 고등학생이 진로를 고민하면 "이제 와서 뭘 바꾸냐?", "그건 너무 늦었다"라는 반응이 돌아오기 일쑤다. 부모와 교사는 아이를 걱정해서

조언한다지만, 그 조언이 때론 아이의 선택권을 빼앗고
스스로 선택한 인생이라는 감각을 흐리게 만든다. 이렇게
되면 아이는 자기 결정에 책임을 가지고 자신 있게 가기보다
다른 사람의 평판과 눈치를 먼저 살펴야 한다. 진로 교육의
진짜 목표는 아이가 자기 삶을 스스로 선택하고 사랑하게
만드는 데 있다는 것을 기억해야 한다.

삶과 연결된 진로(Vision de vie): 직업은 생계가 아니라, 삶의 표현이다

프랑스는 직업을 단지 생계를 위한 수단으로 보지 않는다.
직업은 삶의 철학, 가치, 태도와 연결되어 있어야 한다고
생각한다. 직업은 '무엇을 할 것인가?'의 문제가 아니라
'어떻게 살 것인가?'에 대한 답이다. 진로를 통해 아이는
자신이 세상과 어떤 방식으로 관계 맺고 싶은지를 알아간다.
그리고 자신이 어떤 능력을 어떻게 키워가야 할지 설계한다.
아이들은 직업교육을 통해 다른 사람들과 '어떻게 관계를
맺을 것인가?'를 배워가는 시간이다.

296

프랑스 교육부의 진로 교육 자료에서는 "직업 선택은 개인의 내면과 사회적 책임을 함께 성찰하는 과정이어야 한다"고 명시하고 있다. 파리 근교의 한 고등학교에서는 진로 상담 시간에 아이들에게 '너는 어떤 사람으로 기억되고 싶니?', '너의 일이 누군가에게 어떤 의미가 되길 바라니?'와 같은 질문을 던진다. 이 질문들은 미래 직업을 기술적 선택이 아니라 삶의 철학으로 끌어올린다. 한 학생은 이 질문에 답하며 "나는 내가 만든 빵을 먹고 웃는 사람들을 보면 힘이 날 것 같다"며 제빵사를 꿈꾼다. '빵 만드는 기술'에도 삶의 철학이 있다. 누군가의 하루를 따뜻하게 할 수 있는 직업이라는 관점에서 그의 진로를 바라보는 것이다.

한국에서는 여전히 직업이 생계유지와 성공을 위한 도구로 강조되는 경우가 많다. '연봉 높은 직업', '취업률 좋은 학과'가 진로의 기준이 된다. 아이 스스로 자신을 살핀 후 직업을 선택하기보다 직업이 가진 시장성과 미래 가치성이 우선시된다. 아이는 자신이 어떤 삶을 원하는지보다는 이 직업이 사회적으로 얼마나 성공적으로 보이는가를 먼저 고민한다. 이런 환경에서는 진로가 개인의 개성과 삶의 철학을 담기는 어렵다.

진로 교육은 삶을 사랑하게 만드는 일이다

진로는 단순히 직업을 고르는 일이 아니다. 아이가 자기 삶을 설계할 수 있도록 돕는 '삶 교육'이다. 부모와 교사는 아이의 나침반이 아니라 등대처럼 서 있어야 한다. 목적지를 알려주기보다, 자신만의 항로를 걸어갈 수 있도록 곁에서 빛을 비추어줘야 한다. 그것이 아이가 스스로 찾은 자기 삶을 사랑하는 힘을 길러주기 때문이다. 프랑스의 진로 교육은 한 아이가 자신의 삶을 발견하고 그 삶을 사랑할 수 있도록 섬세하게 돕는다. 그 중심에는 개성과 자율성과 내면의 성찰이 필요하다. 프랑스는 다양한 체험을 통해 자신에게 맞는 길을 스스로 발견하도록 돕는다. 그 길을 따라가는 동안 실패하거나 방향을 바꾸는 것도 교육의 일부로 받아들이고 허용한다. 한 가지 길만이 정답이 아니라는 사회적 합의 속에서 아이는 자신만의 삶을 계획하고 준비할 수 있다.

28장

부모는 아이를 낳고 국가는 아이를 키운다

한국 사회에서 아이를 낳는다는 것은 개인의 희생이 필요하다. 특히 엄마의 삶에 큰 영향을 주는 것으로 이제는 필수적인 것이 아니라 선택 사항으로 여겨진다. 2023년 대한민국의 출산율은 0.72명, 세계에서 가장 낮다. 매해 갱신되는 이 수치는 아이를 세상 가운데 온전히 키워내는 일이 얼마나 힘든지를 말해준다. 세상이 많이 달라졌다고 하지만 아직도 육아는 여전히 부모, 그중에서도 엄마에게 집중된 과업이다. 아이를 낳은 이후에, 여성은 혼자 감당해야 하는 삶의 무게 앞에서 힘들어한다.

프랑스는 출산을 개인이 아닌 국가의 책임으로 여긴다. "엄마는 아이를 낳고, 국가는 아이를 키운다"는 말은 단지 비유가 아니다. 프랑스 사회가 지향하고 공유하는 가치다. 프랑스의 출산율은 2023년 기준 1.68명으로, 유럽에서 가장 높은 축에 속한다. 그리고 그 수치는 매년 유의미하게 올라가고 있다. 출산휴가와 육아수당은 물론이고, 국가가 운영하는 보육 시스템은 정교하다. 많은 부모가 생후 몇 개월부터 크레슈^{crèche}에 아이를 맡기고, 만 3세부터는 거의 모든 아이가 유치원에 자연스럽게 입학한다. 프랑스 부모는 죄책감 없이 다시 일터로 돌아가고, 국가는 그 아이를 공동체의 시민으로 품는다.

프랑스 사회는 한 인간이 이 세상에 오는 것을 환대한다

프랑스에서 아이의 출생 울음은 한 가정의 기쁨과 함께 국가가 응답해야 할 일로 여긴다. 출산 직후부터 가정은 다양한 국가 지원을 받는다. '출산·양육 수당(PAJE)'*을

* 영아 보육 수당(PAJE)에는 출산 장려금, 기본 영아 보육 수당, 아동 교육 보조금,

비롯한 복합적인 가족 수당 시스템은 아이가 태어나면서 가지는 가계의 경제적 부담을 줄여준다. 양육의 책임이 오롯이 엄마에게만 떠안겨지지 않도록 아버지의 출산휴가를 적극적으로 권유하고 보장한다. 아이는 사회가 함께 키워야 할 존재라는 인식 아래 마련된 구조다. 프랑스 부모는 이 시스템 안에서 부모로서 육아 부담을 줄이고 개인으로서 자신들의 삶을 존중받는다.

프랑스 사회는 한 인간이 이 세상에 오는 것을 환대한다. 아이가 태어날 때 환영하고 잘 자랄 수 있도록 돌봐주는 사회를 지향한다. 복지정책은 함께 살아가고 함께 행복하기 위한 공동체의 약속이다. 육아는 부모만의 과제가 아니라 사회 전체가 함께 짊어지는 몫이다. 태어난 아이는 개인에게만 속한 아이가 아니다. 태어나는 순간부터 이미 사회의 일원이며 시민이다. 시민으로서 안전하게 보호받고 건강하게

보육 방법 자유 선택 보조금이 있다. 출산 장려금은 출산 시 일시금으로 지급되는 수당으로써 약 1,020유로이다. 이는 출산 후 초기 비용을 지원하기 위한 것이다 (2023년 기준). 기본 영아 보육 수당(Allocation de base)은 아이의 출생 후 만 3세까지 매월 지급되는 수당으로, 가정의 소득에 따라 전액 수령인 경우 월 184.81유로, 부분 수령은 월 92.40유로 지급한다.

자랄 권리가 있다. 그래서 프랑스의 육아는 '보살핌'이 아니라 '환대'라고 말한다.

크레슈(crèche): 생후 3개월부터 시작되는 공공 돌봄 시설

프랑스 부모는 아이가 생후 2~3개월이 되면 '크레슈'라는 보육시설에 아이를 맡길 수 있다. 대부분의 크레슈는 시청이나 구청이 운영하는 공립시설이다. 일부는 협동조합이나 민간단체가 국가 보조를 받아 운영한다. 크레슈는 보통 거주지 기준으로 배정된다. 출산 직후나 임신 중에 미리 신청하는 경우가 많다. 신청은 시청 웹사이트 또는 가족수당기금(CAF)을 통해 접수하며, 대기자가 많은 지역에서는 경쟁이 생기기도 한다. 그러나 프랑스는 다양한 형태의 보육시스템을 병행 운영하고 있어, 공립 크레슈 외에도 가정보육자나 협동형 보육시설을 선택할 수 있다.

이용료는 부모의 소득과 자녀 수에 따라 차등 부과된다. 대부분의 가정은 월 수십 유로 내외의 비용으로 보육 서비스를 이용할 수 있다. 하루 이용 시간은 일반적으로 오전 8시부터 오후 6시까지이며, 부모의 근무 일정에 맞춰 시간 조정도 가능하다. 아이는 하루 동안 정해진 생활 리듬에 따라 식사, 낮잠, 놀이, 신체 활동을 하며 지내고, 유아 발달 전문가와 심리상담사가 함께 아이의 상태를 정기적으로 기록한다. 부모는 아침에 아이를 맡기고, 저녁에 데려가며 간단한 소통을 통해 아이의 하루를 공유 받는다. 크레슈는 프랑스 부모로부터 엄청난 신뢰를 받고 있으며, 아이를 마음 놓고 맡길 수 있어 만족도가 대단히 높다.

마테르넬(maternelle) ; 모든 아이가 다니는 유치원

프랑스에서는 만 3세가 되면 아이는 자동으로 '에꼴 마테르넬^{école maternelle}'에 입학한다. 이는 의무교육의 첫 단계이다. 별도의 사전 경쟁이나 입시 준비 없이 행정상 거주지를 기준으로 가장 가까운 유치원에 배정된다. 대부분의 마테르넬은 도보로 10~15분 거리 이내에 위치하고 있다. 초등학교와 같은 부지 내에 있는 경우도 많아 형제자매가 함께 등하교하기도 한다. 하루 일과는 오전 8시 30분에 시작해 오후 4시 30분에 끝난다. 부모의 필요시에는 방과 후 돌봄을 신청해 연장 보육도 가능하다. 마테르넬 교사는 정규 교원 자격을 갖춘 국가 공무원이며, 부모와의 정기적인 상담이나 '연락 노트'를 통해 아이의 상태와 발달을 꾸준히 공유한다.

아이를 위한 공간, 프랑스 육아시설의 환경 설계

프랑스의 크레슈와 마테르넬은 아이의 눈높이에 맞춘 공간 설계로 잘 알려져 있다. 책상과 의자는 작고 낮으며, 장난감과 책은 아이가 스스로 꺼낼 수 있는 위치에 놓여 있다. 미끄러지지 않는 바닥, 둥근 모서리, 햇빛이 잘 드는 창문 등은 모두 아이의 안전과 감각을 고려한 배려다. 교실은 읽기·쌓기·그리기·역할놀이 등 주제별로 공간이 정돈되어 있어 아이가 자유롭게 활동을 선택하고 집중할 수 있도록 구성되어 있다. 실외 놀이터 역시 대부분의 마테르넬에 마련되어 있어, 아이는 뛰고 부딪히며 타인과 관계 맺는 법을 자연스럽게 익힌다. 프랑스의 유아 공간은 단순한 보육장이 아니라 아이가 몸을 움직이고 세상과 만나는 삶의 무대이다.

이러한 공간은 기능적 배치를 넘어, 아이의 정서적 안정과 사회적 학습까지 고려한 설계로 작동한다. 하루 일과는 예측 가능한 흐름으로 구성되며, 조용히 감정을 가라앉힐 수 있는 휴식 공간도 마련되어 있다. 일부 기관은 '감정 카드'나 '표정 인형' 등을 통해 아이가 감정을 표현하고 조절하는 방법을 배운다. 프랑스 교사들은 공간을 '제3의 교사'로 인식하며, 단순히 사용하는 것이 아니라 교육적 도구로 조율하고 재구성한다. 아이가 자주 머무는 공간에는 자연스럽게 질문을 유도할 수 있는 자료를 두고, 협력 놀이가 필요한 곳에는 역할 조정 도구를 배치한다. 공간은 아이를 초대하고 기다리는 교사처럼, 자율성과 배움을 이끌어 내는 안내자 역할을 한다.

프랑스의 유아 교육은 놀이 중심이다. 프랑스 마테르넬 교실에서 놀이 시간은 본격적인 수업 시간이다. 교사는 "오늘은 뭘 해볼까?"라고 묻는다. 아이는 놀이 안에서 문제를 만나고, 스스로 해결하며, 친구와 협력하는 법을 배운다. 피아제의 인지발달 이론과 브루너의 발견 학습 영향을 받은 프랑스 유아 교육은, 아이가 직접 만지고 부딪히며 배우는 경험 그 자체가 중요한 학습이라고 강조한다. 아이들은 여러 자유로운 공간에서 정해진 틀을 벗어나 오감을 활용한 자신의 방법으로 세상의 이치를 놀이로 배운다. 놀이는 즐겁다. 그래서 세상도 즐거운 것이다.

하루의 일과는 이야기 듣기, 조형 활동, 신체 놀이, 역할극 등으로 구성된다. 글자나 숫자를 배우기 전에, 아이는 다양한 놀이 속에서 스스로 추론하고, 분류하면서 자연스럽게 규칙을 찾아낸다. 교사는 직접 가르치기보다 놀이의 흐름 속에 배움이 깃들도록 환경을 조율한다. 이 과정에서 아이는 '배운다'는 개념조차 의식하지 못한 채, 자연스럽게 사회의 질서를 익힌다. 친구와의 갈등을 해결하고, 차례를 기다리며, 함께 규칙을 정하는 과정 속에서 자율성과 사회성이 자라난다. 프랑스 유아 교육에서의 놀이는 즐거움과 행복감을 주고, 친구와의 유대감을 강화시키며 사회의 일원으로 자라게 한다.

아이는 부모의 품 안에서만이 아니라, 세상을 품 안에 두고 자라야 한다

프랑스의 유아 교육은 한 아이를 잘 돌보는 것에 머물지 않는다. 아이가 자신을 소중히 여기면서 사회 구성원으로 자라게 하는 것은 국가의 의무이다. 아이는 태어나는 순간부터 사회의 일원으로 환대를 받으며 국가가 마련한 구조 안에서 자라고 배운다. 크레슈와 마테르넬은 단순한 보육 기관이 아니다. 아이의 자율성과 사회성을 키우는 살아 있는 공간이다. 부모가 아이를 실질적으로 책임지는 사람이라면, 교사는 놀이와 환경을 통해 아이의 성장을 도와주는 안내자다. 그리고 국가와 지역사회는 이 모든 과정을 보장하고 지지하는 실질적 울타리가 된다.

한국 사회에서 육아는 여전히 부모, 그중에서도 엄마의 몫으로 남아있다. 아이는 분명 환영받는 존재이지만 감당해야 할 존재로서 무게도 크다. 태어날 아이를 환대하기 위해서 우리가 준비해야 할 것은 개인의 희생이 아니라 사회의 구조이다. 부모를 돕는 국가 시스템, 신뢰할 수 있는

교사, 아이를 위한 자율적인 공간, 그리고 책임을 나누는
철학이 있을 때, 아이는 환대받으며 사회의 품에서 자랄 수
있다. 아이는 부모의 품 안에서만이 아니라, 함께 살아갈
세상을 품 안에 두고 자라야 한다.

29장

프랑스 초등학교는 배움의 시작이다

프랑스에서 초등학교는 사회와 처음으로 접속하는 장소다. 아이들은 교실에서 덧셈과 뺄셈을 배우는 동시에, 친구의 감정을 이해하고, 나의 차례를 기다리며, 다름을 존중하는 법을 배운다. 한 초등학교 교실. 아이 둘이 실험 도구를 나누지 않고 다투었을 때, 교사는 다가가 이렇게 말했다.

"이 실험은 결과보다 함께하는 과정이 더 중요하단다. 과학은 협력으로 자라거든."

이 말에 아이들은 잘못을 인정하고 다시 조심스레 도구를 마주 잡았다. 교실은 과학을 배우는 곳이면서 동시에 '함께

사는 법'을 배우는 작은 사회다. 몽테뉴는 "가르친다는 것은 아이의 머리를 채우는 것이 아니라, 아이가 살아갈 수 있는 몸을 빚는 일이다"라고 말했는데, 프랑스의 교실은 이 철학을 실현하는 공간이다.

프랑스 초등교육은 '어떻게 더 많이 가르칠까?'보다 '어떻게 더 인간답게 자랄 수 있을까?'를 교육의 중심으로 삼는다. 경쟁보다 협력, 정답보다 질문, 통제보다 자율, 이러한 가치 위에 아이들을 가르친다. 교사의 칭찬 한마디가 아이 내면의 빛이 되고, 교실의 규칙을 통해 아이는 한 시민으로서 살아가는 감각을 익힌다. 한 교사가 회상한 일화가 있다. 수업 시간에 발표하던 아이가 말을 더듬었을 때, 교실 안에 고요가 흘렀다, 그 순간 교사는 "너의 용기가 참 멋지다." 하고 말했다. 아이는 수줍게 웃었고, 그 이후로 발표를 피하지 않고 당당하게 발표했다. 초등학교는 아이가 세상을 처음 만나는 품이기에 그 품은 따뜻하고 환해야 한다.

프랑스에서 아이는 만 6세가 되면 마테르넬을 졸업하고 초등학교, 즉 에콜 엘레망테르école élémentaire에 입학한다. 총 5년 과정으로 이루어진 초등학교는 CP(예비 과정), CE1·CE2(초등 과정), CM1·CM2(중간 과정)로 구성되며, 이 시기는 교육부가 정한 '사이클cycle' 체계에 따라 세심하게 연결된다. 유아학교의 마지막 해인 그랑드 섹시옹(GS)부터 CP, CE1까지는 '기초 학습 주기(Cycle 2)'이며, CE2부터 CM2까지는 '지식 심화 주기(Cycle 3)'로 묶여 있다. 해마다 평가와 승급을 반복하는 한국의 방식과는 달리, 아이 각자의 배움과 성장을 중시한다. 프랑스 초등교육은 연결성을 중요하게 여기면서, 아이의 성장을 재촉하지 않고 스스로 자랄 수 있도록 기다린다.

교사는 아이에게 일방적으로 명령하지 않는다. 한 교실에서 아이가 수업 중 장난을 치자, 교사는 "지금 네 행동이 친구의 집중할 권리를 방해하고 있어"라고 말한다. 그 말에 아이는 고개를 끄덕이며 자리에 앉고, 옆자리 친구는 자연스럽게 미소를 지었다. '조용히 해!'라는 통제보다 '왜 조용해야 하는지'를 설명하는 말은 아이를 설득시켜 스스로 바른 행동을 하게 한다. 프랑스 교실에서 지켜야 하는 질서는 강제가 아니라 함께 살아가기 위해 필요한 것임을 깨닫는다. 아이는 영문을 모른 채 통제받지 않고 이해받고 존중받는 공동체의 일원으로 살아간다.

프랑스 부모는 아이의 숙제를 대신하지 않는다. 과제를 잊었다면 잊은 대로 교실에서 자기 스스로 책임져야 한다. 교사 역시 "숙제는 부모가 아닌 아이의 일이다"라고 분명히 선을 긋는다. 부모는 대신해 주기보다 스스로 해낼 수 있도록 신뢰하고 기다린다. 프랑스 초등학교는 단지 교과 지식을 전수하는 공간뿐만 아니라, 아이가 자기 삶의 주인이 되어가는 훈련장이기도 하다. 책임의 씨앗은 하루아침에 자라지 않는다. 그 씨앗이 뿌리를 내리는 시기는 초등학교이다. 아이는 천천히 그리고 튼튼하게 자기의 책임을 알아간다.

프랑스 교실에서는 정답보다 아이의 생각이 먼저 존중된다.

틀렸다는 말보다 "왜 그렇게 생각했는지 말해 볼래?"라는 말이 먼저 나온다. 프랑스의 초등학교에서는 문제를 '풀라'고 하기보다, '이해하라'고 말한다. 수업 시간에 아이들은 정답을 맞히는 것보다, 왜 그렇게 생각했는지를 설명하는 연습을 더 많이 한다. 수학 시간에 한 아이가 엉뚱한 답을 말하자, 교사는 답을 말해 주지 않고 되물었다. "왜 그렇게 생각했는지 이야기해 볼래?" 아이는 자신의 논리를 조심스럽게 설명했고, 그 과정을 들은 다른 친구가 "나는 다르게 생각했어." 하고 말하면서 자연스럽게 토론이 시작되었다. 이 교실에서는 '틀림'이 '실패'가 아니며, 아이의 사고 과정이 배움의 재료가 된다.

이처럼 프랑스 초등교육은 사고력, 표현력, 질문하는 힘을 핵심으로 삼는다. 아이들은 자신의 생각을 말로 풀어내고 글로 정리하며 그림으로 표현하는 훈련을 받는다. 언어 수업에서는 시를 외우고, 소리 내어 읽고, 자신만의 문장을 만들어보기도 한다. "하늘이 초록색이면 왜 안 될까?"라는 질문 앞에서 아이들은 머뭇거리지 않는다. 그들에게 교육은 맞고 틀리는 싸움이 아니라, 세상을 자기 눈으로 다시 보는 훈련이기 때문이다. 평가 역시 정답 중심의 채점표가 아니라 서술형 관찰이 기본이다. 교사는 아이가 어떤 방식으로 문제에 접근했고, 무엇을 놓쳤으며, 어디에서 다시 출발해야 할지를 기록한다.

프랑스 교실에서는 '함께 사는 규칙'을 아이와 함께 만든다

프랑스의 초등학교 교실은 작은 민주주의 실험실이다. 아이들은 교사의 일방적인 지시에 따르기보다, 규칙을 함께 정하고, 역할을 나누며, 공동체의 구성원으로 살아가는 법을 배운다. 반장 선출은 투표로 이루어지고, 수업 중 의견이 엇갈리면 교사는 일시적으로 수업을 멈추고 "잠깐 조정의 시간이 필요하겠구나"라고 말한다. 어떤 날은 아이들이 직접 교실 규칙을 제안하고, 표를 모아 결정한다. "수업 중에는 손을 들고 말하기"라는 단순한 원칙도 아이들이 함께 만든 것이라면 그만큼 더 잘 지켜진다. 그들은 자신이 정한 규칙이기에 기꺼이 책임지려 한다.

이러한 문화는 교사의 권위를 흔드는 것이 아니라, 오히려 교사의 권위를 더 단단하게 만든다. 프랑스의 교사는 절대 권력자가 아니다. 권위를 가진 대화자이다. 아이들은 교사를 두려워하지 않지만 존중한다. 교사는 아이의 감정을 무시하지 않고 다툼이 생기면 양쪽의 이야기를 차례로 듣는다. "너는 어떤 마음이었니?"라고 묻고, "다음엔 어떻게 하면 좋을까?"라고 되묻는다. 이 과정은 느린 것 같지만, 아이는 점점 자신의 감정을 정리하는 힘과 타인의 입장을 헤아리는 시야를 갖게 한다. 교사는 처벌에 집중하는 것이 아니라 아이의 회복에 방점을 찍는다.

프랑스 초등학교는 경쟁이 없다

프랑스 초등학교는 점수를 매기지 않는다. 아이의 속도에 귀 기울이며, 함께 걸어줄 뿐이다. 프랑스 초등학교 교실에는 등수도, 줄 세우기도, 상장도 없다. 시험은 드물고, 숫자로 평가받는 일은 거의 없다. 대신 교사는 아이의 배움 과정을 관찰하고 기록하며, '성취 수첩'에 서술형으로 아이의 강점과 필요를 남긴다. 성적 대신 "이해가 깊어졌어요.", "협동을 잘해요.", "조금 더 설명하는 연습이 필요해요." 같은 말들이 보고서에 실린다. 어떤 아이는 빠르게 계산하지만 말로 설명하길 어려워하고, 어떤 아이는 질문은 많지만 결론을 맺지 못한다. 프랑스의 교사는 이 차이를 점수로 환산하지 않는다. 각각의 아이가 자기 속도로 배워가고 있다는 점을 인정하고 존중한다.

이러한 교육은 아이들에게 여유를 준다. 이런 여유는 실수한 친구를 비웃기보다 "다음에 같이 해보자"라고 말하고, 더 잘하는 친구를 질투하기보다 "어떻게 했는지 알려줘"라며 친근하게 다가가게 한다. 경쟁이 사라지니 아이들이 자존감과 우정이 자란다. 교사는 매일의 성장을 지켜보며 아이들을 격려할 수 있다. 아이는 스스로 평가받는 존재가 아니라 함께하는 동행자임을 깨닫고 서로 의지하는 법과 돕는 법을 익히려고 노력한다. 실패는 비웃음거리가 아니라 서로를 도울 수 있는 기회이고, 함께 도전할 수 있는 멋진 일을 선물한다.

교실은 교사가 통제하는 공간이 아니라
아이가 하루하루 살아내는 삶의 공간이다

아이는 가르침의 대상이기 전에 살아가는 존재다. 배움의 속도나 능력으로 평가받지 않고, 인간으로서 존중받고 이해받아야 한다. 특히, 아이들이 살아가고 배움이 일어나는 교실에서는 더욱 그렇다. 그래서 아이를 재촉하지 않고 기다려야 한다. 잘못을 지적하기에 앞서 아이의 감정을 이해하려고 해야 한다. 교실은 교사가 통제하는 공간이 아니라 아이가 하루하루 살아내는 삶의 공간이다. 그 속에서 아이는 비교 없이 자라고, 협력 속에서 자신의 속도를 찾을 수 있다. 프랑스 초등교육이 우리에게 들려주는 진짜 메시지는 '더 좋은 방법'이 아닌 '더 따뜻한 시선'이다. 아이를 경쟁의 선로가 아니라 함께 성장하는 숲으로 이끄는 이 교육철학은 우리의 교육 중심에 이같이 바라보라고 조언한다.

"지금 당장 어떤 아이가 되기를 바라느냐가 아니라, 장차 어떤 사람으로 살아가기를 원하는가."

<u>30장</u>

프랑스 중등학교는 각자의 걸음을 인정한다

초등학교를 졸업한 아이는 실제적 '자기 삶'을 마주하기 시작한다. 프랑스의 중학교는 한 사람의 생각과 성향, 가능성을 관찰하며 다음 길을 준비하는 공간이다. 입학시험도, 등수도, 서열도 없는 이곳에서 자신의 호기심과 재능을 마주하며 '배우는 사람'이 된다. 프랑스의 중등교육은 아이를 시험에 통과시키기 위해 훈련하지 않는다. 시험은 줄어들고, 피드백은 많아지고, 비교는 사라지고, 설명은 풍성해진다. 선행학습을 요구하지 않는 대신, 교사는 지금 이 자리에서 아이가 무엇을 이해하고 있는지를 묻는다. 이 장에서는 프랑스의 중학교와 고등학교가 어떤 구조로 운영되는지, 어떻게 평가하며, 무엇을 가르치고, 무엇을 가르치지 않는지를 살펴볼 것이다. 그 모든 사실의 아래에는, '아이를 줄 세우지 않겠다'라는 프랑스의 가치가 스며 들어 있다.

중학교는 시험을 위한 공간이 아니다.
프랑스 중학교의 구조와 입학 방식

프랑스의 중학교는 만 11세부터 시작되어 총 4년 과정으로 운영된다. 6학년, 5학년, 4학년, 3학년으로 구성되며, 한국의 중학교와는 달리 의무교육 마지막 단계에 해당한다. 이 시기의 교육 목표는 특정한 시험 준비나 상급학교 진학보다, 기초 학문의 강화와 다양한 지적 영역을 경험하는 데 중점을 둔다. 6학년은 '관찰의 해'라 불리며, 초등과 다른 교과 중심 수업에 적응하는 시기다. 교과목은 국어, 수학, 과학, 역사·지리, 기술, 예술, 체육 외에 제1외국어(주로 영어), 2학년부터는 제2외국어가 포함되며, 학기당 시수는 국가가 규정하고 있다.

중학교 입학은 자동이며, 시험이나 선발은 존재하지 않는다. 초등학교 졸업 후 거주지에 따라 소속 교육구의 중학교로 배정된다. 프랑스는 학군제가 강력하게 적용되는 나라로, 별도 입시 없이도 누구나 공립 중학교에 진학할 수 있다. 일부 가톨릭계 사립은 학교 자체의 신청 절차를 거쳐 등록이 가능하지만, 여기서도 성적 중심의 선발은 드물다. 다만 사립 진학 시 국가 재정지원이 있는 '계약 사립'과 완전 자율 운영인 '비계약 사립'으로 나뉘며, 교육의 질보다는 가치관이나 지역 편의에 따른 선택이 많다. 입학 초기에는 담임교사와의 개별 상담이나 적응 계획 수립이 이루어지는데, 학부모와의 첫 면담이 중요하다.

중학교는 아이에게 처음으로 본격적인 교과 분화가 시작되는 시기지만, 성적을 올리기 위한 경쟁의 무대는 아니다. 교사는 모든 학생이 공통의 수업을 따라갈 수 있도록 조정하며, 학생 개인의 속도 차이를 인정한다. 수업은 대체로 1일 5~6교시이며, 정규수업 외에도 보충학습, 독서 시간, 진로 탐색 활동이 포함된다. 한국과 달리 방과 후 사교육 문화가 거의 없다. 있더라도 잘하는 학생을 위한 공부가

아니라 뒤처지는 학생이 따라가기 위한 보충학습 개념의
사교육이다. 부모는 아이를 학교에 보내고 나면 교사가
맡아서 부족함이 없이 지도할 것이라 신뢰한다.

프랑스식 평가 방법은 점수가 아니라
서술이며 등수보다 피드백이다

프랑스 중학교에서 이루어지는 평가는 점수보다는 서술형
피드백을 중심으로 구성된다. 교사는 학생의 학업 수준뿐
아니라, 수업 참여 태도, 과제 수행 과정, 친구들과의 협업
능력 등 다양한 요소를 관찰하여 기록한다. 이러한 평가는
'성취 수첩'이라는 이름의 문서에 담기며, 각 교과별로
"달성함", "진행 중", "도움 필요함"과 같은 표현이 사용된다.
이 수첩은 학기마다 부모에게 공유되고, 교사와의 상담 시
중요한 자료로 활용된다. 과목별 시험도 존재하지만, 이는
단편적인 능력을 측정하기 위한 것이 아니라 교과 학습을
점검하고 피드백을 주기 위한 수단으로 사용된다.

중학교 3학년이 끝날 즈음, 프랑스 학생들은 브르베[Brevet]라는 졸업시험을 치른다. 이 시험은 국어, 수학, 역사·지리, 과학 영역에서의 지필고사와 더불어, '개인 혹은 그룹 프로젝트 발표[oral]'라는 구술시험이 포함된다. 지필 시험은 총점 400점 만점이며, 구술 발표는 100점으로 반영된다. 또한, 중학교 4년간의 내신 성적도 총점 400점으로 합산되어 최종 결과가 산출된다. 중학교 생활 전반에 걸친 학습 태도와 성장을 함께 평가받는다. 이 시험은 고등학교 진학과 직접적으로 연결되지는 않고, 아이가 자신이 배운 것을 정리하고 학교 생활을 성찰하는 기회가 된다.

프랑스에서는 등수를 매기지 않는다. 반 전체에서 몇 등인지를 알려주는 시스템은 존재하지 않는다. 평균 점수 역시 중요하지 않다. 교사들은 아이의 현재 상태를 출발점으로 하여 "무엇을 어떻게 더 잘할 수 있을까"를 함께 고민한다. 학부모 상담에서도 "이 아이가 지난 학기보다 얼마나 자랐는가"에 초점을 맞추고, 아이의 미래를 위해 도울 것을 의논한다. 이러한 평가 문화는 아이 스스로 자기 자신을 돌아보며 반성하게 하고, 변화할 수 있도록 돕는다.

곧 프랑스의 교실에서 평가는 아이의 길잡이로 작용한다. 아이는 실패를 두려워하기보다 배우는 것을 즐거워하고 자신의 미래를 위한 토대로 삼는다.

선행학습이 필요 없다. 학교가 배움의 출발점이다

프랑스의 중학생들은 선행학습을 하지 않는다. 학부모는 선행학습을 시켜 다른 아이들보다 앞서가야 한다는 생각을 하지 않기 때문이다. 교과서의 진도나 평가 기준도 전국적으로 통일되어 있어 학부모나 학생이 미리 학습해야 할 이유가 없다. 선행학습은 오히려 교육의 공정성을 해치는 요소로 간주한다. 교사는 수업 시간 안에서 모든 아이가 함께 배우고 익힐 수 있도록 교육 과정을 설계한다. 학교에서는 정규 수업 외에 보충수업을 운영하기도 한다. 이는 학습이 늦은 학생이나 이해가 부족한 학생에게 개별 맞춤 지도를 제공하기 위해서다. 이 보충수업은 방과 후나 공강 시간에 이루어지며 성적 향상보다는 '이해의 완성'을 목적으로 한다.

프랑스에서는 학원이라는 개념이 거의 존재하지 않는다. 사교육은 일부 고등학교 후반에 입시를 앞둔 학생들 사이에서 국어 논술이나 과학 과목을 보충하는 용도로 선택되기도 하지만, 전체 학생의 극히 일부분에 해당한다. 대부분의 학부모는 "학교에서 배우면 충분하다"는 신념을 가지고 있으며, 교사를 신뢰하고 기다리는 문화가 형성되어 있다. 학습에 어려움이 생겼을 때 부모가 먼저 과외를 찾기보다 교사와 상담을 요청하고 학교 내 자원을 활용하여 해결하려고 한다. 일부 지자체에서는 저소득 가정을 위해 방과 후 무료 학습 지원 프로그램을 운영한다. 이 또한 공공 교육의 연장으로 간주된다.

이러한 환경 속에서 프랑스 학생들은 '학교는 배움의 시작점'이라는 신념을 가진다. 배움은 개별적으로 앞서가야 할 경쟁이 아니라 교실에서 함께 완성해가는 과정으로 인식된다. 친구와 협력하고, 발표하고, 모르는 것을 질문하며, 교사에게 설명을 듣는 일이 자연스럽다. 반면 한국에서는 초등 고학년 학생이 중학교 선행학습을 하는 경우도 많다. 우리나라 사교육 시장은 엄청나다. 사교육에

대한 의존도가 높아 아이들은 수업을 배움과 발견의 장이
아니라 '재확인'의 장으로 느끼는 경우가 많다. 프랑스는
교실 수업이 유일한 출발점이자 중심이라는 원칙을 지키며,
아이가 지금 이 순간 배우고 있는 것을 진짜 배움으로
여긴다.

시험 없으면 다양성을 배우며 성장한다

프랑스의 중등교육은 학생이 하나의 길만 걷도록 강요하지
않는다. 중학교를 졸업한 이후에는 일반고, 기술고, 직업고
중 자신에게 맞는 진로를 선택할 수 있다. 이 세 가지는
서열이 아니라 수평적 대안이다. 학생은 상담교사의 도움을
받아 자신이 좋아하고 잘할 수 있는 분야를 탐색하며,
진로 선택은 학교와 가정, 학생이 함께 논의해 결정한다.
중학교 3학년의 성적과 담임교사의 의견, 그리고 가족과의
면담을 바탕으로 고등학교 유형이 결정되지만, 필요할 경우
진로 변경이나 전과도 자유롭게 허용된다. 프랑스 사회는
'돌아가는 길'을 실패로 보지 않으며, 교육은 직선이 아니라

곡선의 연속이라는 전제가 공유된다.

프랑스에는 학년 유급제도가 존재한다. 학업 성취가 충분하지 않다고 판단될 경우, 학생은 한 학년을 반복할 수 있다. 그러나 이 과정에서 학생에게 낙인 의식이 생기지 않도록 신중하게 결정한다. 유급은 교사의 평가, 학부모의 동의, 학생의 심리 상태를 고려한 다면적 논의 끝에 이루어진다. 다시 배우고, 다시 익히는 것이 부끄러운 일이 아니라는 분위기 덕분에, 아이는 '속도'가 아닌 '기초'를 우선시하게 된다. 유급 학생을 위한 별도 상담과 심리적 지지 프로그램도 함께 마련되며, 아이가 자기 속도로 다시 성장할 수 있도록 돕는다. 이 제도는 '실패의 회복력'을 길러주는 교육의 한 방식이기도 하다.

이러한 교육 문화는 교실 분위기에서 잘 드러난다. 교사는 학생과 적당한 거리를 유지하며, 위계적이지 않지만 권위를 지닌 존재로 존중받는다. 학생이 자신의 감정과 의견을 말하는 것은 이상하지 않다. 학생 대표는 학교 운영위원이 되어 교내 의사 결정에 학생의 입장을 적극적으로 설명하고 결정을 이끌어 낸다. 교실에서는 자유롭게 질문하고 발표하는 문화다. 질문이나 발표가 정당한 이유 없이 무시되거나 비난받지 않는다. 한국의 고등학교는 아직도 더 나은 곳으로 진학하기 위해 땀흘리는 장소다. 하루하루 무거운 가방을 메고 등교하여 서로 경쟁하고 비교하다가 더 나은 무기를 장착하기 위해 다시 학원으로 가야 한다. 교실은 공존의 장소가 아니라 각자도생의 밀림이다.

아이를 줄 세우지 말고, 질문을 던지고, 설명하고, 기다려주라

프랑스의 중등교육은 아이의 다양성을 존중하며 배움의 본질을 찾도록 돕는다. 선행학습이 필요 없는 교실, 성적보다 서술로 평가받는 시스템, 진로를 늦게 정해도 괜찮다고 말해 주는 제도. 이 모든 구조 안에서 아이는 서두르지 않고 자신이 가진 속도로 자란다. 프랑스는 아이를 줄 세우지 않는다. 질문을 던지고, 설명하고, 기다려준다. 잠깐 멈추거나 돌아가더라도 실패로 여기지 않는다. 자기 자신과 마주할 수 있는 여백을 주고 그 여백을 통해 아이는 자신을

찾고 자신의 인생길을 설계해 본다. 자기의 걸음으로 천천히
걷고, 때로는 엉뚱한 길에 들어서더라도 이해하는 사회,
그리고 그들을 지원하는 국가가 되기를 소원해 본다.

31장

프랑스의 대입 시험 바칼로레아

프랑스의 6월은 시험의 계절이다. 전국의 고등학교 마지막 학년 학생들은 '바칼로레아Baccalauréat'라는 이름의 국가시험에 마주한다. 이 시험은 고등학교 졸업 자격을 부여함과 동시에, 대학 진학을 위한 자격시험이다. 바칼로레아에 합격하면 국립대학에 지원할 수 있다. 학교와 학과 선택은 자신의 성적과 관심에 따라 자유롭게 할 수 있다. 시험은 매년 6월 중순부터 약 2주간 이어지며, 철학, 역사, 과학, 구술 등의 시험 일정은 학생뿐 아니라 가족과 교사들에게도 일종의 연례행사처럼 자리 잡고 있다.

프랑스 사회에서 바칼로레아는 한 인간이 시민으로 성장하는 마지막 의식과도 같다. 프랑스 교육철학인 바칼로레아는 교육이 지식의 전달을 넘어 사유의 힘을 기르는 과정임을 상기시킨다. 한국의 대학수학능력시험이 정확하고 빠른 정답을 요구하는 객관식 중심의 시험이라면, 바칼로레아는 '왜 그렇게 생각하는가?'를 묻는 논술과 구술평가다. 학생은 단순한 지식을 외우는 것으로 시험을 통과할 수 없다. 자신의 관점으로 생각할 수 있어야 하고 그것을 논리적 문장으로 정리하고 명확하게 설명하여야 한다. 이들에게 객관식 시험은 존재하지 않는다. 객관식은 '나의 앎'을 표현할 수 있는 방식이 아니라고 말한다. 그래서 바칼로레아는 대학에 진학하기 위한 하나의 시험이 아니라 생각하는 시민으로 성인이 되는 관문과도 같은 것이다.

바칼로레아의 역사와 발전

바칼로레아의 시작은 1808년, 나폴레옹에 의해 비롯되었다. 고등교육으로 나아가기 위한 국가 자격시험의 형태였으며,

초창기부터 철학은 핵심 과목으로 자리 잡고 있었다. 당시의 철학 시험은 서면이 아니라 구술로 치러졌다. 학생은 교사 앞에서 자신의 생각을 말로 풀어야 했다. 이 시험이 대중적인 교육의 장이 되기까지는 많은 시간이 필요했다. 1809년, 첫 바칼로레아 자격을 얻은 이는 단 31명에 불과했다. 이는 부유한 가정 출신의 남성들에게만 주어진 기회였다. 19세기 전체를 통틀어 바칼로레아는 인구의 단 1%만이 경험할 수 있는 지극히 제한된 세계였다. 이후 2차 세계대전이 끝난 1945년에도 여전히 응시 비율은 3% 수준에 머물렀다.

변화는 1968년 6월, 프랑스 사회 전반을 뒤흔든 학생운동과 교육개혁의 물결 속에서 찾아왔다. 교육의 대중화가 시작되며 바칼로레아 응시율은 급격히 증가했고, 현재는 약 70%의 학생이 이 시험을 치르며 고등학교를 마무리한다. 이 시기에는 도시의 서점에 철학 문제집이 진열된다. 수험생이 아닌 일반 사람들도 깊은 관심을 가지기 때문이다. 시험이 끝난 날이면 주요 신문과 교육 전문 잡지, 온라인 매체에서는 전문가를 모시고 토론하고, 철학교사들의 모범답안이 공개된다. 사람들은 카페에 앉아 출제된 철학 문제를 두고

서로 토론한다. 프랑스 사회 전체가 하나의 질문을 어떻게
사유했는지를 나눈다. 프랑스 사회에서 바칼로레아는 시험을
넘어 문화로 자리 잡고 있다.

바칼로레아는 어떻게 치러지는가?

바칼로레아는 크게 일반계, 기술계, 직업계의 세 갈래로
나뉜다. 일반계는 문학(L), 과학(S), 경제사회(ES) 계열로
구성된다. 최근에는 이러한 계열 구분이 다소 완화되어
학생들이 자신의 진로와 적성에 따라 과목을 조합할 수 있는
유연한 선택제 중심으로 변화하고 있다. 기술계는 응용과학,
경영, 디자인 등 특정 전문 분야를 다룬다. 직업계는 조리,
미용, 기계 등의 실무 중심 교육과 연계한다. 이들 세 가지
트랙은 위계적인 서열이 아니다. 자기의 적성에 따른 평등한
선택으로 인식한다. 이것은 학생뿐만 아니라 사회가 가지는
공통된 인식이다.

시험은 매년 6월 중순부터 시작되며, 철학 시험을 시작으로

2주 동안 다양한 과목의 시험을 치른다. 철학은 일반계 모든 학생이 의무적으로 응시해야 하는 가장 중요한 과목이라 할 수 있다. 철학 시험은 제시한 세 가지 질문 중 하나를 선택해 4시간 동안 서술형 논술을 작성해야 한다. 이외에도 문학, 수학, 외국어, 역사와 지리, 과학실험 등 다양한 과목이 평가 대상이다. 시험은 서술형 또는 구술형 평가다. 학생들의 성적은 단일 시험 결과에만 의존하지 않고, 연중 학교 성적이 40%, 국가 단위 시험이 60%를 차지하여 종합적으로 판단한다. 실험 보고서나 프로젝트 제출 등 수행형 평가도 포함되어 있어 실제적인 교육활동도 중요하다.

2023년 기준 바칼로레아의 전체 합격률은 약 91%에 이르며, 일반계는 96%, 기술계는 90%, 직업계는 83%를 기록했다. 이처럼 높은 합격률은 바칼로레아가 경쟁을 통해 엘리트를 뽑는 제도가 아니기 때문이다. 미진한 학생을 가려내어 탈락시키는 것이 목적이 아니라 학생 각자의 능력과 과정을 존중하며, 학생들이 그동안의 성과만으로 통과할 수 있도록 돕는 제도이다. 프랑스 교육은 이 시험을 통해 학생들을 걸러내는 부정적 접근이 아니라, 가능한 많은 학생이 생각하고 나름대로 표현하는 것을 배워 사회의 일원이 되도록 이끈다. 시험은 자신을 가로막는 벽이 아니라 미래 사회로 인도하는 다리다.

바칼로레아를 어떻게 준비하는가?

프랑스의 고등학교 마지막 학년인 테르미날Terminale은 바칼로레아를 준비하는 시간이다. 학생들은 수업 시간에 철학적 주제를 두고 토론한다. 모의 논술을 쓰고 피드백을 받는 방식으로 평가에 대비한다. 주요 과목별 교사들은 학생 개개인의 사고 흐름과 논리적 표현 능력을 집중적으로 길러주는 데 주력한다. 바칼로레아를 준비한다는 것은 우리나라처럼 단순히 암기하고 문제 풀기를 반복하는 공부가 아니다. 지금까지 배운 것을 총망라하여 '생각하는 법'을 훈련하는 1년의 과정이다. 시험이 다가오면 학교는 시험 시간표에 맞춰 수업을 조정하기도 한다. 이 기간 동안 학생들은 철학적 사유 방식과 자신만의 작문 스타일을 다듬는 시간을 가진다.

학생들은 바칼로레아를 부담스러운 시험으로 여기지 않는다. 철학 시험을 앞둔 학생들은 주제의 무게감에 압도되기도 하지만, 동시에 자신의 생각을 펼칠 수 있는 무대라 여긴다. 물론 학생들은 스트레스를 느끼기도 한다. 하지만 이는 성취를 향한 자연스러운 과정으로 받아들인다. 누군가와 경쟁하여 살아남는 것이 아니라 자신의 성장을 위한 성장통이라는 것을 잘 알고 있다. 주변의 격려와 교사의 조언은 이 시기를 버텨내는 큰 힘이 된다. 설령 시험에 실패하더라도 사회는 낙오자로 보지 않는다. 재도전이 가능하다. 프랑스에서 실패는 좌절이 아니다. 또 한 번의 배움을 갖는 기회이다.

바칼로레아에 불합격한 학생은 다음 해에 다시 시험을 치를 수 있다. 프랑스 교육부가 운영하는 재시험 제도인 '세시옹 드 뤼플렉시옹session de rattrapage' 또는 '제2회 시험' 제도를 통해 부족한 과목만 선택하여 재응시할 수 있다. 일반적으로 필수 과목과 선택 과목 중 두 과목을 골라 논술이 아니라 구술형식으로 치른다. 이를 통해 점수를 끌어올려 최종 평균 10점을 넘기면 합격한다. 이전에 통과한 과목은 인정받고 재응시할 필요가 없다. 예를 들어, 철학 과목은 합격했지만 수학이나 과학에서 떨어졌다면 해당 과목만 다시 준비하면 된다. 학생들은 공교육 시스템 내에서 다시 1년을 준비할 수 있다. 많은 학교에서 재수생을 위한 반을 별도로 운영하고 있기 때문이다. 프랑스는 실패를 성장을 위한 일시적 상태로 본다.

이는 한국의 시험 문화와는 사뭇 다른 풍경이다. 시험은 곧 경쟁의 장이다. 개인의 적성이나 특성에 상관없이 강력한 서열이 존재한다. 내가 얼마나 많이 알고 있느냐보다 내가 남보다 얼마나 높은 점수를 받을 수 있느냐의 상대적 시험이다. 경쟁에서 살아남으려면 정해진 정답을 다른 사람보다 빠르고 정확하게 많이 찾아내야 한다. 그래서 생각하는 능력보다 단순한 암기능력과 문제풀이 기술이 강조된다. 프랑스 학생들은 질문을 이해하고 자기 언어로 사유를 구성하는 능력을 중요시한다. 학생은 혼자 고립되어 시험을 준비하지 않는다. 교사와 함께 고민하고 훈련하며 성장해 나간다.

바칼로레아의 변화

2019년 프랑스 정부는 바칼로레아 제도에 큰 변화를 시도했다. 기존의 문학(L), 과학(S), 경제사회(ES) 계열 구분을 없애고, 학생들이 주요 과목을 직접 선택할 수 있도록 한 것이다. 이 개편으로 학생들은 '전공 세트'가 아닌 '개별 조합'을 통해 자신만의 학업 경로를 설계할 수 있다. 또한 평가 방식도 바뀌어, 기존의 일괄 시험 중심에서 벗어나 학교 내 연중 평가가 40% 반영되고, 국가 공통 시험은 60% 비중으로 줄었다. 이는 학생 개인의 노력과 과정 중심의 학습을 더 존중하겠다는 의지를 보여주는 변화이다.

하지만 개혁은 항상 논쟁을 불러온다. 학교 현장에서는 과목 선택제 도입 이후 학생들이 '전략적 선택'에 집중하면서 특정 과목이 기피되거나 과도하게 몰리는 현상이 생겼고, 일부 교사들은 교육의 깊이와 균형이 깨질 수 있다고 우려했다. 새로운 제도에 대한 안내와 준비가 부족해 혼란을 겪은 교사와 학생들도 적지 않았다. 특히 연중 평가가 반영되면서 교사의 재량과 기준이 중요해졌고, 이로 인해 공립학교와 사립학교, 도시와 농촌 지역 간 평가 편차에 대한 우려의 목소리도 커졌다. 바칼로레아가 '국가가 보장하는 공정한 자격시험'이라는 상징성을 일부 잃었다는 비판도 제기되었다.

그럼에도 불구하고 프랑스 사회는 이번 개혁을 교육의 방향 전환으로 받아들이고 있다. 여전히 바칼로레아는 '철학하는 시민'을 길러내겠다는 프랑스 교육의 핵심 정신을 간직하고 있다. 다만, 새로운 시대에 맞게 그 형식을 조율해 간다. 더 이상 모두가 같은 길을 걷는 시대는 아니다. 이에 따라 학생 개개인이 자신의 적성과 가능성에 맞는 길을 선택하고 책임져야 한다. 교육의 내용과 방식은 바뀌어도 프랑스 교육은 여전히 '질문하는 인간, 철학하는 시민'을 길러내는 데는 흔들리지 않는다.

지식을 묻기 전에, 왜 그 지식을 묻는지를 먼저 물어라

바칼로레아는 단순한 졸업시험이 아니다. 학생들이 문제를 푸는 것을 넘어 삶에 대해 진지하게 생각하게 한다. 철학 시험의 질문 하나만 보아도 그렇다. '행복은 배우는 것일까?', '국가는 우리를 자유롭게 할 수 있을까?' 이런 질문 앞에서 학생들은 답을 찾는 과정을 통해 스스로에게 되묻는다. 나는 누구이며, 어떤 가치를 따라 살아가야 하는가. 이 시험의 궁극적인 목적은 단순히 대학 진학 자격을 부여하는 것이 아니다. 학생이 사고하고 토론하며 표현할 수 있는 힘을 기르게 하는 데 있다. 프랑스는 이런 과정을 통해 지식보다 생각을, 속도보다 방향을, 경쟁보다 인간의 내면을 우선시하는 교육철학을 실천해 왔다.

바칼로레아는 우리나라 입시제도뿐만 아니라 교육 전반에 걸쳐 본질적 질문을 던진다. 우리는 아이들에게 무엇을 가르치고 있으며, 시험을 통해 무엇을 길러내고 있는가? 정해진 정답을 찾게 하고 그 능력으로 사람의 서열을 매기는 것이 옳은 것인가? 프랑스의 교육은 '지식을 묻기 전에, 왜 그 지식을 묻는지를 먼저 물어야 한다'고 말한다. 평가는 교육의 한 방편일 뿐, 그 안에서 학생이 성장하고, 자기 생각을 갖게 되는 것이 더 중요하다는 것이다. 단지 성적이 좋은 사람이 아니라, 스스로 생각하고 타인과 대화할 수 있는 시민을

기르려는 이 철학은, 오늘 우리 사회가 고민해야 할 교육의
방향을 말해준다.

기르려는 이 철학은, 오늘 우리 사회가 고민해야 할 교육의

32장

프랑스 대학은 기회를 주는 디딤돌이다

우리나라에서 대학은 성공을 위한 가장 중요한 관문이다. 유명 대학에 들어가기 위해 걸음마보다 글자를 먼저 배우고, 모국어보다 영어가 더 중요하다. 프랑스 대학은 단순히 취업을 잘하기 위한 관문으로 생각하지 않는다. 아이들은 어릴 때부터 생각하는 법을 배운다. 질문하고 토론하고 글을 쓰며, 자기만의 생각을 키워가는 힘을 기른다. 대학은 그런 생각을 더 깊이 키우는 곳이다. 그래서 프랑스의 많은 청년은 대학에 들어가서 직업보다 먼저 자기 자신을 배운다. 2020년 프랑스 고등교육청 설문조사에 의하면 많은 학생이

'자신의 관심과 흥미를 더 알아가기 위해' 대학을 진학했다고 밝힌다. 대학은 어떤 삶을 살고 싶은지, 무엇을 알고 싶은지, 탐색하는 시간을 부여한다. 이것은 더 가치 있고 나은 삶을 만들어가는 기반이 된다.

프랑스 대학은 사회의 불평등을 줄인다. 프랑스 사회학자 피에르 부르디외Pierre Bourdieu의 〈문화자본이론〉에서 교육을 통해 문화자본의 재분배가 불평등 해소에 효과적이라고 주장했다. 대학은 누구에게나 열려있다. 누구든지 대학에 들어가 새로운 기회를 만들 수 있다. 프랑스 사회도 계층 간 이동이 쉽지 않다. 그런 현실에서 대학은 공정한 출발선이다. 프랑스 정부는 대학등록금을 낮추고 집세나 식사, 장학금 같은 생활 전반을 도우며, 누구든지 자기 삶을 준비할 수 있는 디딤돌로 삼게 한다. 삶의 배경은 다르더라도 출발점은 같아야 한다는 사회적 신념이 대학교육을 지탱하고 있다.

누구나 들어설 수 있지만 졸업까지는 험난하다

프랑스의 대학은 문이 활짝 열려있다. 고등학교를 졸업하고 바칼로레아 시험에 합격하면 누구든지 국립대학에 지원할 수 있다. 입시 준비를 위한 고강도 경쟁도 없고 수능처럼 성적으로 줄을 세우지도 않는다. 대학이 누구에게나 열려있다는 사실은 교육의 평등을 실현하려는 프랑스 사회의 의지를 보여준다. 하지만 대학 문을 들어서는 것은 쉽지만 그 길을 끝까지 걸어가는 일은 결코 만만치 않다.

프랑스 대학을 그만두는 학생들은 단순히 게으르거나 준비가 부족한 사람이 아니다. 진로에 대한 고민이 채 끝나기도 전에 대학에 들어가서 흥미를 잃기도 한다. 수백 명이 듣는 대형 강의 속에서 교수와 한마디 말도 나누지 못한 채 지겹게 설명을 듣는 것은 이전 경험과 다르다. 무엇보다 시험도 과제도 스스로 계획하고 관리해야 하는 자율이라는 책임감을 감당하지 못하는 경우도 많다. 가족과 떨어져 지내며 생계를 위해 아르바이트를 병행하는 학생들은 학업과 생활 사이에서 점점 지쳐간다.

실제로 프랑스 교육부에 따르면, 국립대학 신입생의 약 46%가 1학년을 마치지 못하고 학업을 중단하거나 방향을 바꾼다고 한다. 특히 의학계열처럼 경쟁이 치열한 전공에서는 1학년을 통과하지 못하는 비율이 90%에 달할 정도다. 여기에 "진짜 성공은 그랑제꼴에서 시작된다"는 사회적 인식이 강하다. 국립대학의 학문 과정은 상대적으로 그랑제꼴보다 인정을 덜 받는다. 일부 학생들은 그랑제꼴과 비교하여 자기가 선택한 가치를 축소시키며 학업 동기를 잃기도 한다. 이러한 구조적·정서적·문화적 요인들로 인해 프랑스 대학에서는 많은 학생이 첫해에 발걸음을 멈춘다.

이런 구조 안에서 프랑스의 청년들은 실패와 돌아섬도 배운다. 대학은 꼭 일직선으로 나아가는 길이 아니며, 때론 멈추고 돌아가도 괜찮다는 것을 깨닫는다. 중간에 전공을 바꾸거나 1년을 쉬었다가 다시 시작하는 일도 흔하다. 프랑스 정부도 대학의 높은 중도 탈락률을 단순한 개인의 실패로 보지 않는다. 이는 제도와 지원의 문제이며, 교육의 질과 사회의 공정성을 가늠하는 지표로 삼는다. 정부는 이런 문제점을 해결하기 위해 2018년부터 '파르쿠르숩^{Parcoursup}'

시스템을 도입해, 단순한 성적 중심이 아닌 학생의 진로 적합성과 동기까지 고려한 입학 과정을 설계하고 있다. 대학 내에는 진로 상담과 학업 코칭을 강화하고, 정신 건강 문제에 대응하기 위한 심리 상담 서비스도 확대되었다. 경제적 어려움을 겪는 학생들을 위한 장학금과 주거 지원도 더 촘촘해졌고, 산업체와 연계한 실무 교육도 늘어나고 있다. 프랑스는 학생들이 끝까지 걸어갈 수 있는 교육 환경을 만들기 위해 노력하고 있다.

프랑스 정부의 지원정책

프랑스에서 교육은 사회를 지탱하는 기본 토대다. 국가는 교육을 소수층이 누릴 특권이 아닌 인간으로서 누구든지 누릴 수 있는 권리로 바라본다. 그중에서도 고등교육은 모든 시민이 생각하고 성장할 수 있는 공공의 장으로 생각한다. 프랑스 헌법이 자국을 '사회적 공화국'이라고 부르는 이유도 여기에 있다. 사회 구성원 각자가 인간으로서 존엄을 유지하며 살아가기 위해 필요한 조건을 마련해 주는 것이

국가의 책임이라는 뜻이다. 프랑스는 그 책임을 교육이라는
이름으로 실천한다. 누군가 공부할 수 있는 자격은 시험
성적이나 경제력, 배경으로 정해지지 않는다. 공부하고
싶다는 의지, 그리고 생각할 수 있는 존재라는 사실 자체가
자격이 된다. 그래서 프랑스는 대학의 문을 넓게 열고, 그
안에서 누구든 오래 머물 수 있도록 다양한 지원의 손길을
내민다.

이러한 철학은 구체적이면서 섬세한 제도 이행으로 실현된
다. 프랑스 국립대학의 등록금은 대부분 연간 200~500유로
수준으로 누구나 감당할 수 있는 비용이다. 경제적으로
어려운 학생에게는 연 최대 6,000유로까지 '사회 장학금'이
지급된다. 이 장학금은 성적보다 가정의 형편에 따라
결정되며, 등록금 감면, 기숙사 우선 배정, 1유로 학식 등의
혜택과 함께 제공한다. 대부분의 학생들은 월세 부담을
줄이기 위해 'APL 주거보조금'을 신청하고, 저렴한 공공
기숙사를 이용한다. 하루 세 끼 중 한 끼는 약 3.30유로,
장학금 수혜자는 1유로의 식사도 가능하다. 교통비, 문화생활
비, 의료비 역시 다양한 학생 할인으로 지원된다. 이 모든

것을 총괄하는 기관이 크루스^{CROUS}(고등교육청)로 학생의 학업뿐 아니라 일상 전반을 실질적으로 돌보는 역할을 한다.

프랑스가 이렇게 대학생의 생활을 넓게 돌보는 이유는 '삶을 지켜줘야 배움도 가능하다'는 신념이 있기 때문이다. 돈이 없다고 해서 꿈을 미뤄야 하는 것은 정의롭지 못하다고 생각한다. 그래서 국가가 해야 할 일은 원하는 학생은 누구든지 출발선에 설 수 있도록 지원해야 한다는 것이다. 그 이후의 길은 각자가 걸어가야 하지만 출발선만큼은 누구에게나 공평해야 한다는 신념은 흔들림이 없다. 지성은 소수가 독점해서는 안 되며 사유의 능력은 모두에게 열려 있어야 한다. 학생은 교육비를 내는 고객이 아니라 공화국의 가치를 이어갈 미래의 시민으로 대접받는다. 국가는 모든 사람은 배울 자격이 있으며 그 자격을 지켜줄 것이라고 말한다.

엘리트 코스 그랑제꼴

프랑스의 대학이 모두에게 열려 있는 공간이라면 그랑제꼴

Grandes Écoles은 오직 소수만이 들어설 수 있는 좁은 문이다. 그랑제꼴은 고등학교를 졸업한 후 2년 동안의 '준비반'을 거쳐 치열한 경쟁을 통과해야 입학할 수 있는 엘리트 교육 기관이다. 이름처럼 '위대한 학교'라 불리는 이곳은 행정, 공학, 경영, 교원 양성 등 국가 핵심 분야의 인재를 길러내는 곳으로, 에꼴 폴리테크닉(École Polytechnique, 공과대학), HEC(파리고등상업학교), ÉNA(고위행정학교), ENS(고등사범학교) 등 각 분야를 대표하는 명문이 포진해 있다. 입학 정원은 적고 수업 밀도는 매우 높다. 졸업 후 진로는 대부분 고위 공직, 연구직, 대기업 간부 등이 보장되어 있다. 그랑제꼴은 프랑스 사회의 권력과 영향력을 재생산하는 중심축이라 할 수 있다.

이러한 구조는 프랑스 교육의 양면성을 잘 보여준다. 누구나 들어갈 수 있는 국립대학이 평등의 상징이라면 그랑제꼴은 능력을 바탕으로 한 경쟁의 상징이다. 프랑스는 모두에게 열린 교육을 보장하면서도 한편으로는 철저한 선발을 통해 국가를 이끌 핵심 인재를 길러낸다. 많은 학생과 부모들은 그랑제꼴을 성공의 길로 여긴다. 국립대학은 졸업 후 진로에 대한 보장이 불확실하지만 그랑제꼴은 성공의 길이 보장된 문으로 본다. 이로 인해 평등을 지향하지만 현실은 그렇지 않다는 불편한 사회적 긴장감이 흐른다. 프랑스는 바로 그 간극 위에 서 있다.

그랑제꼴을 단지 특권과 우월을 상징하는 공간으로만 본다면 잘못 알고 있다. 많은 그랑제꼴은 공공성과 책무를 강조한다. 엘리트란 특권층이 아니라 공익을 위해 훈련된 책임 있는 시민이어야 한다는 정신을 내세운다. 특히 고위 행정학교(ENA, 현재 INSP)는 '국가를 위해 봉사할 준비가 된 사람'을 키우는 것을 목표로 한다. 그래서 그랑제꼴 교육은 실무 중심일 뿐 아니라, 철학, 문학, 정치학 등 폭넓은 인문 교육을 병행한다. 경쟁으로 선발되지만 그 안에서 길러지는 것은 단지 기술이 아니라 국가에 대한 책임감과 시민의식이다. 그것이 프랑스식 엘리트 교육이 가진 독특함이며 경쟁을 통해 평등을 지키려는 역설적 시도라 할 수 있다.

프랑스의 대학은 학생들에게 자유와 책임을 동시에 요구한다

프랑스의 대학은 학생들에게 자유와 책임을 동시에 요구한다. 누구나 들어설 수 있는 열린 문이지만 길은 스스로 찾아가야 한다. 때로는 길을 잃기도 하고, 스스로 선택한 길 앞에서 주저앉기도 한다. 하지만 프랑스는 그런 멈춤을 실패라 말하지 않는다. 국가는 삶을 유지할 수 있는 조건들을 마련해 둔다. 낮은 등록금, 주거 보조, 심리 상담, 그리고 한 끼 식사의 따뜻함까지. 한편 그랑제꼴이라는 또 하나의 길은, 열려있는 평등 속에서 경쟁을 통한 선별의 질서를 함께 품고 있다. 프랑스는 이상과 현실이 충돌하는 그 접점을 교육 안에 솔직히 드러낸다. 누구나 교육받을 권리를 인정하면서 동시에 국가를 이끌어갈 사람들을 더 치열하게 길러내는 구조를 만들었다. 완전한 평등도 냉혹한 능력주의도 아니지만 현실에 맞게 고민하고 설계한 균형있는 교육 시스템이다.

1. 최은아, 《 자발적 방관 육아 》, 샘앤파커스, 2023.

2. 이지현, 《 프랑스 교육처럼 》, 지우출판, 2022.

3. 프레드릭 코크만, 《 프랑스 부모들은 권위적으로 양육한다 》, 맑은숲, 2014.

4. 안느 바커스, 《 프랑스 육아의 비밀 》, 예문아카이브, 2018.

5. 나카지마 사오리, 《 프랑스 부모는 아이에게 철학을 선물한다 》, 예담, 2018.

6. 캐서린 크로퍼드, 《 프랑스 아이들은 왜 말대꾸를 하지 않는가? 》, 아름다운 사람들, 2013.

7. 파멜라 드러커맨, 《 프랑스 아이처럼 》, 북하이브, 2014.

8. 다카하타 유키, 《 프랑스 엄마의 행복 수업 》, 엔트리, 2015.

9. 안느 바커스, 《 프랑스 엄마 수업 》, 북로그컴퍼니, 2018.

10. 박영혜 외, 《 프랑스 문화의 이해 》, 숙명여자대학교출판부, 2003.

11. 최선양, 《 프랑스 학교에 보내길 잘했어 》, 마더북스, 2020.

12. 최경선, 《 북유럽 자녀교육의 비밀 》, 성안당, 2017.

13. 목수정, 《 칼리의 프랑스 학교 이야기 》, 생각정원, 2018.

14. 신유미 · 시도니 벤칙, 《 프랑스 아이는 말보다 그림을 먼저 배운다 》, 지식너머, 2021.

15. 캉디스 코른베르그 앙젤, 《 프랑스 아이는 말보다 그림을 먼저 배운다 》, 문학세계사, 2016.

16. 윤선자, 《 이야기 프랑스사 》, 청아출판사, 2020.

17. 예스퍼 율, 《 부모와 아이 사이 사랑이 전부는 아니다 》, 예담, 2016.

18. 오카다 다카시, 《 오늘 내가 행복하지 않은 이유, 애착장애 》, 메이트북스, 2021.

19. 김난도 외, 《 트렌드코리아 2025 》, 미래의 창, 2024.

AI시대에 자녀교육을 자신있게 만드는 지침서

프랑스 교육

1판 1쇄 인쇄 2026년 02월 20일
1판 1쇄 발행 2026년 02월 25일

지은이 정석원
펴낸이 인창수
펴낸곳 태인문화사
신고번호 제2021-000142호(1994년 4월 12일)
주소 경기도 파주시 탄현면 참매미길 234-14, 1403호
전화 031) 943-5736
팩스 031) 944-5736
이메일 taeinbooks@naver.com

ⓒ정석원, 2026

ISBN 979-11-93709-11-5 (03590)